高等职业教育测绘地理信息类"十三五"规划教材

工程测量实训教程

主　编　李金生
副主编　刘　皓　王　旭
主　审　符韶华

武汉大学出版社

图书在版编目(CIP)数据

工程测量实训教程/李金生主编.—武汉：武汉大学出版社,2021.8
高等职业教育测绘地理信息类"十三五"规划教材
ISBN 978-7-307-22463-6

Ⅰ.工… Ⅱ.李… Ⅲ.工程测量—高等职业教育—教材 Ⅳ.TB22

中国版本图书馆 CIP 数据核字(2021)第 139463 号

责任编辑：杨晓露　　责任校对：李孟潇　　版式设计：马　佳

出版发行：武汉大学出版社　（430072　武昌　珞珈山）
（电子邮箱：cbs22@whu.edu.cn　网址：www.wdp.com.cn）
印刷：湖北金海印务有限公司
开本：787×1092　1/16　印张：8.75　字数：207 千字　插页：1
版次：2021 年 8 月第 1 版　　2021 年 8 月第 1 次印刷
ISBN 978-7-307-22463-6　　定价：24.00 元

版权所有，不得翻印；凡购我社的图书，如有质量问题，请与当地图书销售部门联系调换。

前　言

本实训教程依据教育部颁布的高等职业学校专业教学标准进行编写，具有如下特点：

（1）根据学生的学习认知规律，结合工程测量课程的知识模块和技能体系，按工作手册式编排教材内容和体例设计，提供给学生详细流程化的实训任务工作指导，增强实训任务的可操作性、检核方法及评判依据。

（2）本书根据职业教育改革精神，校企合作开发，由院校老师与企业技术专家共同完成，用具体工程案例的真实数据作为编写素材，在实地操作部分，用了平面位置相对较小的数据，在练习数据中使用的是实际工程数据。

《工程测量》教材是按照学院专业教学改革工作实施方案的总体要求，组织测绘专业群骨干教师编写的工程测量技术试点专业5门核心课程教材之一，也是试点专业建设的主要成果之一。本教材具有项目化、信息化、校企合作特色。本教材的编写体现了高等职业教育职业性、实践性、开放性的要求，是按照试点专业建设的进程有序进行的。

本书共分为6个实训项目，分别为高程放样、建筑物轴线放样、道路中线放样、断面测量及其绘图、土石方量测量与计算、建筑物变形监测。本书内容系统全面，实用性强，适合高等职业院校、中等职业院校测绘专业群各相关专业学生使用，也可供相关技术人员参考。

本教材为数字立体化教材，依托现代教育技术，以能力培养为目标，以纸质教材为基础，以多媒介、多形态、多用途及多层次的教学资源和多种教学服务为内容。

本书由符韶华（沈阳市勘察测绘研究院有限公司教授级高级工程师）担任主审，由李金生（辽宁生态工程职业学院）担任主编，由刘皓（辽宁生态工程职业学院）、王旭（辽宁生态工程职业学院）担任副主编。本书编写分工如下：李金生编写实训项目2、3、4，刘皓编写实训项目5、6，王旭编写实训项目1及工程测量实训任务书。

本书在编写过程中引用了大量的规范、专业文献和其他相关资料，恕未在书中一一注明，在此向有关作者表示衷心感谢。另外，符韶华对本教材全部内容进行了详细的审阅并且提出了很多良好的建议，在此表示衷心感谢。

限于编者水平、经验，书中难免有疏漏和不足之处，恳请使用本教材的老师、同行专家和广大读者提出宝贵意见，以便日后进一步修正与完善。

目 录

实训项目 1　高程放样 1
　任务 1.1　普通高程放样 3
　任务 1.2　填挖高度测量 7
　任务 1.3　坡度线测设 10

实训项目 2　建筑物轴线放样 15
　任务 2.1　经纬仪极坐标法放样 18
　任务 2.2　经纬仪直角坐标法放样 24
　任务 2.3　全站仪坐标法点位放样 28
　任务 2.4　RTK 法平面点位放样 33
　任务 2.5　建筑物桩基础放样 38

实训项目 3　道路中线放样 45
　任务 3.1　控制点布设 47
　任务 3.2　经纬仪极坐标法放样圆曲线 50
　任务 3.3　全站仪坐标法放样圆曲线 54
　任务 3.4　RTK 坐标法放样圆曲线 57
　任务 3.5　水准仪放样竖曲线 61
　任务 3.6　数据补充 64

实训项目 4　断面测量及其绘图 68
　任务 4.1　水准仪间视法纵断面测量 70
　任务 4.2　经纬仪视距法横断面测量 77
　任务 4.3　全站仪坐标法纵横断面测量 82
　任务 4.4　RTK 坐标法纵横断面测量 85
　任务 4.5　使用断面里程文件绘制断面图 88
　任务 4.6　使用坐标数据文件绘制断面图 94

实训项目 5　土石方量测量与计算 97
　任务 5.1　断面法土石方量测量与计算 99
　任务 5.2　方格网法土石方量测量与计算 102

任务 5.3　DTM 法土石方量测量与计算 …………………………………………… 105

实训项目 6　建筑物变形监测 ………………………………………………………… 107
　　任务 6.1　建筑物沉降变形监测 ……………………………………………………… 110
　　任务 6.2　水平位移监测 ……………………………………………………………… 122

工程测量实训任务书 …………………………………………………………………… 128

附录 1　测量仪器使用制度及注意事项 ………………………………………………… 134
附录 2　测绘仪器赔偿制度 ……………………………………………………………… 135
附录 3　纪律要求 ………………………………………………………………………… 136

实训项目 1　高程放样

一、实训项目简介

高程放样的任务是将设计高程测设在指定桩位上。在工程建筑施工中,例如在平整场地、开挖基坑、定路线坡度和定桥台桥墩的设计标高等场合,经常需要高程放样。高程放样主要采用水准测量的方法,有时也采用钢尺直接量取竖直距离或三角高程测量的方法。高程放样时,首先需要在测区内布设一定密度的水准点(临时水准点)作为放样的起算点,然后根据设计高程在实地标定出放样点的高程位置。高程位置的标定措施可根据工程要求及现场条件确定,土石方工程一般用木桩标定放样高程的位置,可在木桩侧面画水平线或标定在桩顶上;混凝土及砌筑工程一般用红漆作记号标定在它们的面壁或模板上。

二、实训目的

掌握高程放样的基本思想和原理,包括普通高程放样、坡度高程放样及填挖高度测量的基本流程,测设数据的计算方法。

掌握使用水准仪完成高程放样的操作流程,学会填写水准仪高程放样的计算手簿。

三、实训任务

(1)普通高程放样;
(2)填挖高度测量;
(3)坡度线放样。

四、实训设备

(1)小组设备:S3水准仪1台、三脚架1副、水准尺1对,自备铅笔、小刀、计算器等,投点工具若干。
(2)投点工具:土质场地用20cm小木桩或10cm大铁钉(用完回收),沥青地面和塑胶场地请用粘贴纸或彩色粉笔(用完清理)。

五、实训场地要求

在校园内找到一块长约120m,宽约50m的场地,各实验小组并排操作,互不干扰。

六、实训场地控制点布设

高程控制点布设情况如图1-1所示,老师首先需要各带6组学生找到已知高程控制点的位置。实地勘查高程控制点的基本情况,如控制点被破坏或不能使用,可重新进行高程控制测量测出已知高程控制点高程数据。

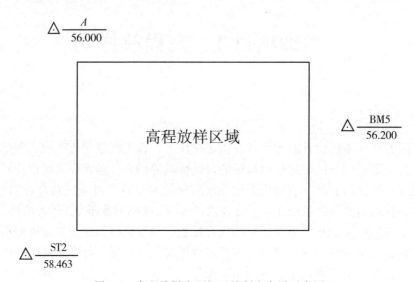

图 1-1 高程放样实训场地控制点布设示意图

任务1.1 普通高程放样

一、实训目的

(1) 掌握水准仪视线高法放样高程的基本思想和原理。
(2) 掌握使用水准仪进行高程放样的操作流程。
(3) 掌握水准仪高程放样的记录及计算。
(4) 培养学生的小组协作能力,注重学生工匠精神的培养。

二、实训仪器及设备

DS3水准仪1台、水准仪专用三脚架1个、水准尺1对,自备铅笔、小刀、计算器等。

三、任务目标

根据已知水准点 A 的高程 $H_A = 56.368 \text{m}$,测设某设计地坪标高 $H_B = 66.000 \text{m}$ 的位置,如图1-2所示。

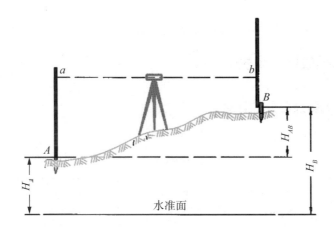

图1-2 普通高程放样示意图

四、实训要求

(1) 每名同学独立完成一个高程值的放样。
(2) 根据《工程测量规范》(GB 50026—2007)、《建筑施工测量标准》(JGJ/T 408—2017)中的规定,结合本次实训任务,确定高程放样精度限差为±10mm。
(3) 小组协作,立尺员与画线员密切合作,准确完成画线。
(4) 实训数据计算准确,记录清晰。

五、实训步骤

（1）先在 B 点打一长木桩，将水准仪安置在 A、B 之间，尽量使得前后视距相等，在 A 点立水准尺，后视 A 处水准尺并读数 a，则可求得视线高 $H_i = H_A + a$；

（2）B 点水准尺尺底为设计高程 H_B 时的前视读数 $b_应 = (H_A + a) - H_B$；

（3）靠 B 点木桩侧面竖立水准尺，上下移动水准尺，当水准仪在尺上的读数恰好为 $b_应$ 时，在木桩侧面紧靠尺底画一横线，此横线即为设计高程 H_B 的位置；

（4）升高或降低三脚架，采用变换仪器高的方法放样两次，并取其平均位置作为最终的放样位置；

（5）检核。用普通水准测量的方法，测量出放样位置的高程值，然后与设计高程值进行比较，检查是否满足限差要求。

六、注意事项

（1）在放样高程中，只用水准尺黑面即可。

（2）若计算得到的 $b_应$ 为正值，则放样的标高位置在视线以下，尺正立找到位置，反之若 $b_应$ 为负值，则放样的标高位置在视线以上，则应将尺倒立找到位置；

（3）若向下窜尺时尺底端已到达地面，而中丝读数仍然小于 $b_应$，则说明欲放样的位置低于地面，应读出该中丝读数，并计算下挖值 $\Delta h_挖 = b_应 - b$，并写于墙上。

七、填写高程放样记录表格

1. 完成表 1.1 剩余部分的计算

表 1.1　　　　　　　　　　　　高程放样计算示例

待放样点高程 $H_设$(m)	后视点高程 H(m)	后视读数 a(m)	视线高程 H_i(m)	前视应该读数 $b_应$(m)
61.000	60.123	1.550	61.673	0.673
85.430	84.747	1.625	86.372	0.942
57.809	56.224	1.693		
32.421	31.421	1.532		
42.917	41.463	1.630		
50.636	50.001	1.736		

2. 完成高程放样数据记录表1.2

表1.2　　　　　　　　　　　高程放样记录表

放样次数	视线高程 H_i(m)	前视尺中丝读数 $b_{应}$(m)
第一次放样	53.567	0.363
第二次放样	46.323	0.782
……		

3. 完成高程放样检核表1.3

表1.3　　　　　　　　　　　高程放样检核表

设计高程(m)	实测高程(m)	误差(mm)
52.867	52.864	3
45.768	45.772	4
……		

八、扩展训练

在某建筑工地上，规划红线就是场地周围的砖墙，现在欲进行深度约12m的基坑施工，规划院已将水准点引在了场地的大门口，埋设了水准点BM0，其高程为43.96m，现要测设出基底设计高程 31.672m。提示：基底设计高程与基坑边已知水准点的高程相差较大并超出水准尺的工作长度时，可采用水准仪配合悬挂钢尺的方法向下传递高程。

请同学们计算测设高程时的前视尺读数并绘制示意图。

九、实操考核标准

高程放样考核标准如表 1.4 所示。

表 1.4 高程放样考核标准

考核项目	考核内容及要求	分值	评价标准	得分
四等水准及高程放样	仪器取出和放还	5	取出仪器后盖上仪器箱，放还仪器之前将脚螺旋归位到工作状态，正确装箱之后锁好箱盖	
	三脚架的安置	5	三脚架架腿倾斜度合理，平地观测时脚尖大致组成正三角形，拧紧架腿螺旋，结束后收起脚架并系上绑带	
	水准仪的安置	10	三脚架高度适中，架头大致水平，踩稳脚架，安置仪器之前确认脚螺旋处于工作状态，中心连接螺旋是否拧紧，有无骑架观测现象	
	整平方法和效果	10	整平方法是否合理，速度如何，圆气泡是否居中，观测过程中气泡是否偏离	
	观测熟练程度	20	能否正确使用调焦螺旋、制动和微动螺旋；是否会用粗瞄器大致照准，然后精确照准；十字丝竖丝大致位于标尺中心并与其边线平行；有无视差，读数是否快速、准确；旋转仪器之前是否打开制动螺旋	
	和立尺员的配合	5	能合理指挥立尺员直立标尺，放样时能与立尺员配合默契，准确快速放样高程	
	记录规范程度	20	记录数据取位正确，小数点位置合理；字迹清晰，字体规范，卷面整洁，不得擦拭；毫米位不得修改，更不能连环涂改	
	计算准确程度	20	各项计算全部完成，计算正确，数据取位合理，单位正确，达到精度要求	
	观测速度	5	能在规定时间内完成全部工作；收好仪器和三脚架，并上交成果	
满分		100	总得分	

任务 1.2　填挖高度测量

一、实训目的

(1) 掌握填挖高度测量的目的。
(2) 掌握使用水准仪进行填挖高度测量的流程。
(3) 掌握使用水准仪进行填挖高度测量的记录及计算。

二、实训仪器及设备

DS3 水准仪 1 台、水准仪专用三脚架 1 个、水准尺 1 对，自备铅笔、小刀、计算器等。

三、任务目标

根据已知高程的水准点 A，测量另一点 B 处的地面实际高程 $H_实$。现欲在 B 点处放样高程为 H_B=45.368m 的位置，计算 B 点处的填挖高度。实际工作中通常是在地面上钉一木桩，将尺立于木桩顶上，实测木桩顶部的高程，并将计算得到的填挖高度用记号笔标注于木桩侧面，以供施工队伍施工时使用。

本次实训课要完成平整场地训练，在训练场内埋设若干木桩，然后在木桩上标注填挖数值。

四、实训要求

(1) 每名同学独立完成一个木桩的标定。
(2) 换人操作时，要求变换仪器高。
(3) 根据《工程测量规范》(GB 50026—2007)、《建筑施工测量标准》(JGJ/T 408—2017)中的规定，结合本次实训任务，确定填挖高度精度限差为±20mm。

五、实训步骤

(1) 以 A 点为后视点，B 点木桩顶部为前视点，在 A、B 两点之间安置水准仪，测得后视读数为 a，前视读数为 b；A 点的已知高程 H_A = 45.368m，放样点的设计高程 $H_设$ =44.832m。
(2) 计算 B 点木桩顶部实际高程，可以采用两种方法：
① 高差法：$H_B = H_A + (a - b)$；
② 视线高法：$H_i = H_A + a$，$H_B = H_i - b$。
(3) 采用变换仪器高的方法测量两次，求得 B 点木桩顶部高程的平均值。
(4) 挖、填高度为地面实际高程与设计高程之差，正号为挖深，负号为填高。将计算出的数值标注在木桩上。
(5) 教师或者课代表对标注进行检查。

六、注意事项

（1）"填方"或"挖方"的判定主要依据木桩顶部实际高程和设计高程的关系，若实际高程大于设计高程则为"挖方"，反之则为"填方"。

（2）若用电子水准仪（数字水准仪）放样，则系统会提示类似于"FILL"或"CUT"的符号，其对应的意义为"填高"或"挖低"。

七、完成下表剩余部分的计算

已知后视已知 A 点高程 $H_A = 58.436$ m，设计高程 $H_设 = 58.000$ m，完成表 1.5 的计算。

表 1.5　　　　　　　　　　填挖高度测量计算示例

放样次数	后视读数 a(m)	前视读数 b(m)	视线高程 H_i(m)	B 点木桩顶部高程 $H_实$(m)	B 点木桩顶部高程的平均值(m)	填挖高度(m)
第一次测量	1.465	1.698	59.901	58.203	58.202	0.202
第二次测量	1.518	1.753	59.954	58.201		
根据符号判断 B 点处应填方还是挖方				该点应＿＿＿＿（"填方"或"挖方"）		

放样次数	后视读数 a(m)	前视读数 b(m)	视线高程 H_i(m)	B 点木桩顶部高程 $H_实$(m)	B 点木桩顶部高程的平均值(m)	填挖高度(m)
第一次测量	1.044	1.579	59.480	57.901	57.900	0.100
第二次测量	1.118	1.656	59.554	57.898		
根据符号判断 B 点处应填方还是挖方				该点应＿＿＿＿（"填方"或"挖方"）		

八、将实训数据记录到下表中

已知后视已知 A 点高程 $H_A =$ ＿＿＿＿＿＿m，设计高程 $H_设 =$ ＿＿＿＿＿＿m，完成表 1.6 的计算。

表 1.6　　　　　　　　　　填挖高度测量记录表

放样次数	后视读数 a(m)	前视读数 b(m)	视线高程 H_i(m)	B 点木桩顶部高程 $H_实$(m)	B 点木桩顶部高程的平均值(m)	填挖高度(m)
第一次测量						
第二次测量						
根据符号判断 B 点处应填方还是挖方				该点应＿＿＿＿（"填方"或"挖方"）		

续表

放样次数	后视读数 a(m)	前视读数 b(m)	视线高程 H_i(m)	B点木桩顶部高程 $H_{实}$(m)	B点木桩顶部高程的平均值(m)	填挖高度 (m)
第一次测量						
第二次测量						
根据符号判断B点处应填方还是挖方				该点应_____（"填方"或"挖方"）		
第一次测量						
第二次测量						
根据符号判断B点处应填方还是挖方				该点应_____（"填方"或"挖方"）		
第一次测量						
第二次测量						
根据符号判断B点处应填方还是挖方				该点应_____（"填方"或"挖方"）		

九、扩展训练

如果使用电子水准仪或全站仪，应该如何完成这项任务呢？GNSS技术是否可行？在这个项目中，几种仪器设备各有什么优缺点？

任务1.3 坡度线测设

一、实训目的

(1)掌握坡度测设的原理和目的。
(2)掌握水平视线法(水准仪)测设坡度的方法。
(3)掌握倾斜视线法(经纬仪)测设坡度的方法。

二、实训仪器及设备

DS3水准仪1台、DJ6光学经纬仪1台、三脚架1个、水准尺1对,自备铅笔、小刀、计算器等。

三、任务目标

(1)使用水平视线法(水准仪),坡度适当(根据实地情况确定)的坡度线。
(2)使用倾斜视线法(经纬仪),坡度适当(根据实地情况确定)的坡度线。

四、实训要求

(1)每组完成一条坡度线的测设,每名同学测设的坡度不能与同组其他同学相同。
(2)用彩色粉笔,将测设的坡度线标定出来。
(3)坡度线应为一条直线,不能为折线。
(4)小组内成员应相互协作,合作完成立尺、画线工作。
(5)根据《工程测量规范》(GB 50026—2007)、《城镇道路工程施工与质量验收规范》(CJJ1—2008)中的规定,结合本次实训任务,确定坡度测设精度限差为20mm。

五、实训内容

1. 子任务1 水准仪水平视线法放样坡度线

如图1-3所示,已知水准点BM5的高程为 $H_{BM5}=56.200m$,设计高程点 A 的高程为 $H_A=56.350m$,A,B 间的水平距离为 $D=80m$,今欲从 A 点沿 AB 方向测设出坡度为 $i=0.75\%$ 的直线。

1)实训步骤

(1)测设时,先根据 i 和 D 计算 B 点的设计高程为:$H_B=H_A+iD$。
(2)将水准仪置于 A,B 的中点处,在BM5点上立尺,读出BM5的读数 a,计算出水准仪的视线高程 $H_i=H_{BM5}+a$,由公式 $b_A=H_{BM5}+a-H_A$ 可得 b_A 的读数。
(3)从坡脚点 A 或者坡顶点 B 开始,隔一段固定水平距离 d(如20m),钉下一个木桩。
(4)根据坡度公式 $i=h/D$,可得 $h=i\times D$。第 j 点的设计高程 $H_{j\text{设}}=H_A+i_{AB}\times j\times d$($j=1$、2、3、$B$)。

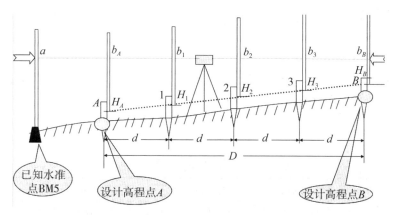

图 1-3 水平视线法坡度放样示意图

(5) 计算前尺应该读数 $b_{应} = H_i - H_j$。

(6) 依次测设出 1、2、3、B 点的高程位置。

实际工作中通常是依次测量并计算出 1、2、3、B 点的实地高程值。$H_{j实} = H_A + b_j (j = 1、2、3、B)$。再依次计算出 1、2、3、B 点的填挖高度并用记号笔标注于木桩侧面，以便指导施工。填挖高度 $\Delta = H_{j实} - H_{j设}$，正值为挖，负值为填。

2) 注意事项

(1) 在水平视线法中，需要量取的是水平距离，而不是斜距。

(2) 水平视线法通常适用于坡度较小时，坡度较大时视线会超越尺顶或尺底而无法测设。

3) 练习计算

完成表 1.7 剩余部分的计算。

表 1.7　　　　　　　　　　　坡度线测量计算示例

点名	水平距离 d(m)	视线高(m)	高程(m)	前视尺读数 $b_{应}$(m)
A		57.525	56.350	1.175
	20			
1		57.525	56.500	1.025
	20			
2		57.525	56.650	0.875
	20			
3		57.525		
	20			
B		57.525		

已知水准点 BM5 的高程 H_{BM5} = 56.200m,后视尺读数 a = 1.325m,坡脚点 A 的高程 H_A = 56.350m,坡度 i = 0.75%。

4)数据记录

将实训数据记录到表 1.8 中,实际实训时可以按照场地情况调整坡度和点间距。

已知水准点 BM1 高程 H_{BM1} = __50.000__ m,后视尺读数 a = __1.235__ m,坡脚点 A 高程 H_A = __50.150__ m,坡度 i = __1__ %。

表 1.8　　　　　　　　　　　坡度线测量记录表

点名	水平距离 d(m)	视线高(m)	高程(m)	前视尺读数 $b_{应}$(m)
A	20	51.235	50.150	1.085
1		51.235	50.350	0.885
	20			
2		51.235	50.550	0.685
	20			
3		51.235	50.750	0.485
	20			
B		51.235	50.950	0.285

2. 子任务 2　经纬仪倾斜视线法放样坡度线

如图 1-4 所示,已知水准点 A 的高程为 H_A = 56.200m,设计高程点 B 的高程为 H_B = 52.000m,A,B 间的水平距离为 D = 140m,今欲从 A 点沿 AB 方向每隔距离 d(如 20m)测设出坡度为 i = -3% 的直线。使用经纬仪和水准尺完成该工作。

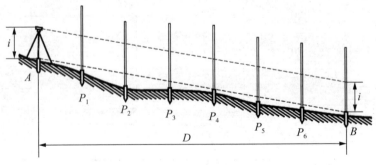

图 1-4　倾斜视线法坡度放样示意图

任务 1.3 坡度线测设

1）实训步骤

（1）先根据附近水准点，将设计坡度线的两端 A、B 的设计高程 H_A，H_B 测设于地面上，并打入木桩。

（2）将经纬仪置于 A 点并量仪器高 i。

（3）经纬仪瞄准 B 点上的水准尺，调节望远镜竖直方向，使视线在 B 标尺上的读数等于仪器高 i，此时经纬仪的倾斜视线与设计坡度线平行。实际工作中也可以根据坡度计算出竖直角 $\alpha = \text{ARCTAN}(i) = \text{ARCTAN}(0.03) = 0°01'48''$，将经纬仪或全站仪的竖直角设置为该角度，此时视线也与设计坡度线平行。

（4）在 A、B 之间按一定的间距打桩，当各桩点上水准尺读数都为仪器高 i 时，则各桩顶连线就是所需测设的设计坡度。

（5）实际工作中是在 AB 连线上每隔一定距离（如 20m）打桩，并将水准尺依次放置在桩顶，读取经纬仪中丝在水准尺上的读数，计算桩顶实际高程，再计算填挖高度并用记号笔标定于木桩侧面，以指导施工。

第 j 点的设计高程 $H_{j设} = H_A + i_{AB} \times j \times d (j = 1、2、3、4、5、6、B)$。再依次计算出 1、2、3、B 点的填挖高度并用记号笔标注于木桩侧面，以便指导施工。填挖高度 $\Delta = i - b_j$，正值为挖，负值为填。

验证方法：第 j 点的桩顶实际高程 $H_{j实} = H_{j设} + i - b_j$，$\Delta = H_{j实} - H_{j设}$。

2）注意事项

（1）在倾斜视线法中，经纬仪要对中整平于 A 点上。

（2）经纬仪倾斜视线设置好之后，视线不要再上下移动。

3）练习计算

完成表 1.9 剩余部分的计算（坡度 i = -3%）。

表 1.9　　　　　　　　　　　　　　坡度线测量计算示例

已知点高程 H（m）	仪器高 i（m）	点号	起点距（m）	设计高程 $H_设$（m）	经纬仪中丝读数 b_i（m）	填挖高度 $\Delta = i - b_j$（m）	实际高程 $H_实$（m）	验证填挖高度 $\Delta = H_{j实} - H_j$（m）
56.2	1.562	A	0	56.2	1.685	−0.123	56.077	−0.123
		P_1	20	55.6	1.982	−0.420	55.180	−0.420
		P_2	40	55.0	1.834	−0.272	54.728	−0.272
		P_3	60		1.725			
		P_4	80		1.676			
		P_5	100	53.2	1.796	−0.234	52.966	−0.234
		P_6	120	52.6	1.843	−0.281	52.319	−0.281
		B	140	52.0	1.562	0	52.000	0

4）数据记录

将实训数据记录到表 1.10 中（坡度 $i=-3\%$），实际实训时可以按照场地情况调整坡度和点间距。

表 1.10　　　　　　　　　　坡度线测量记录表

已知点高程 H（m）	仪器高 i（m）	点号	起点距（m）	设计高程 $H_设$（m）	经纬仪中丝读数 b_i（m）	填挖高度 $\Delta=i-b_j$（m）	实际高程 $H_实$（m）	验证填挖高度 $\Delta=H_{j实}-H_j$（m）
56.2		A	0	56.2				
		P_1	20	55.6				
		P_2	40	55.0				
		P_3	60	54.4				
		P_4	80	53.8				
		P_5	100	53.2				
		P_6	120	52.6				
		B	140	52.0				

六、扩展训练

使用全站仪和小棱镜是否可以完成坡度的测设？如果可以，请制定一个放样的方案，利用课余时间，使用全站仪验证方案的可行性。

实训项目 2　建筑物轴线放样

一、实训项目简介

建筑物轴线放样的目的是把设计好的建筑物、构筑物的平面位置和高程，按设计要求，以一定的精度放样到地面上，作为施工的依据。本项目单元主要训练四种建筑物轴线放样的方法：经纬仪极坐标放样法、经纬仪直角坐标法、全站仪坐标放样法、RTK 坐标放样法，每组采用一组数据，每组建筑物的形状和大小一致，但建筑物设计位置不同，故此项实训最好用连续 4 学时完成，各学校可根据自己学校的学时情况选择性地安排实训环节，但实际工作中目前主要使用的是全站仪或 RTK 坐标放样法，经纬仪极坐标法和直角坐标法在个别土建工地上仍然在使用。

二、实训目的

理解建筑物轴线放样的主要方法，包括经纬仪极坐标法、经纬仪直角坐标法、全站仪坐标放样法、RTK 坐标放样法。

掌握使用经纬仪、全站仪、RTK 三种设备完成设计建筑物平面点位放样的方法。

三、实训任务

(1) 经纬仪极坐标法放样设计建筑物；
(2) 经纬仪直角坐标法放样设计建筑物；
(3) 全站仪坐标法放样设计建筑物；
(4) RTK 坐标法放样设计建筑物。

四、实训设备

(1) 共用设备：RTK 基准站 1 台，若使用 CORS 信号则可不架设基站。
(2) 小组设备：J2 经纬仪 1 台、全站仪 1 台、RTK 流动站及手簿 1 套、S3 水准仪 1 台、三脚架 1 副、全站仪棱镜杆 1 副、100m 钢尺 1 把、记号笔 1 支、投点工具若干。
(3) 投点工具：土质场地用 20cm 小木桩或 10cm 大铁钉（用完回收），沥青地面和塑胶场地请用粘贴纸（用完清理）。

五、实训场地要求

在校园内空地上设计待放样建筑物，各实训小组并排操作，互不干扰，如图 2-1 所示,周围是两条校园闭合导线控制网,所有控制点坐标已知,如表 2.1 所示。实训课之前教师根据校园场地情况选择合适的位置作为放样练习区,在电子版图纸上设计如图 2-1 所示 6 个建筑物,学生自行提取各组对应建筑物的坐标,如表 2.2 所示。

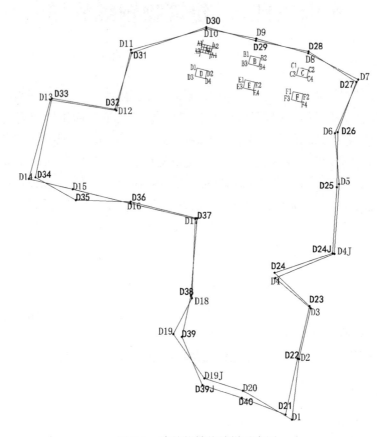

图 2-1 建筑物轴线放样示意图

表 2.1 已知控制点坐标

	第一套点				第二套点		
点号	$X(m)$	$Y(m)$	$H(m)$	点号	$X(m)$	$Y(m)$	$H(m)$
D8	4645125.229	542541.571	61.703	D28	4645126.522	542541.746	61.737
D9	4645136.123	542501.425	61.665	D29	4645134.574	542501.041	61.697
D10	4645143.317	542463.066	61.660	D30	4645144.480	542463.052	61.599

表2.2　　　　　　　　　　待放样建筑物主轴线点坐标

点号	X坐标(m)	Y坐标(m)	点号	X坐标(m)	Y坐标(m)
A1	4645132.130	542459.894	D1	4645124.336	542458.089
A2	4645130.325	542467.688	D2	4645122.531	542465.883
A3	4645126.284	542458.540	D3	4645118.491	542456.736
A4	4645124.479	542466.334	D4	4645116.686	542464.529
B1	4645123.556	542496.914	E1	4645115.762	542495.109
B2	4645121.751	542504.708	E2	4645113.957	542502.903
B3	4645117.711	542495.561	E3	4645109.917	542493.756
B4	4645115.906	542503.354	E4	4645108.112	542501.549
C1	4645114.982	542533.935	F1	4645107.189	542532.130
C2	4645113.178	542541.728	F2	4645105.384	542539.923
C3	4645109.137	542532.581	F3	4645101.343	542530.776
C4	4645107.332	542540.375	F4	4645099.539	542538.570

各组放样情况安排如表2.3所示：

表2.3　　　　　　　　　　各组测站点和定向点对照表

组号	1组	2组	3组	4组	5组	6组
待放样建筑物	A	B	C	D	E	F
测站点	D10	D9	D8	D30	D29	D28
定向点	D9	D8	D9	D29	D28	D29

请同学们扫描二维码2.1，下载图2-1对应的电子版*.dwg格式图纸，并提取坐标。

二维码2.1　图2-1对应的电子版图纸

任务 2.1　经纬仪极坐标法放样

一、实训目的

(1) 掌握经纬仪极坐标法放样数据的计算方法。
(2) 掌握用经纬仪和钢尺进行极坐标法放样的基本过程。（DJ6 光学经纬仪放样、电子经纬仪放样）
(3) 练习直接放样的基本步骤，同时思考归化放样的基本方法。
(4) 掌握检核放样点位的精度。（钢尺检查对角线、经纬仪检查角度）

二、实训仪器及设备

DJ6 经纬仪 1 台、三脚架 1 个、测钎若干根、钢尺 1 把、锤子 1 把、铁钉若干、计算器等。

三、任务目标

(1) 能利用经纬仪极坐标法放样设计建筑物轴线。
(2) 能计算极坐标法放样数据（测设的水平角和水平距离）。
(3) 完成矩形建筑物变长检查（几何尺寸）和点位坐标精度检查（绝对位置）。

四、实训要求

(1) 每组完成一个建筑物的放样，每名同学完成设计建筑物一个轴线点的放样。
(2) 根据《工程测量规范》(GB 50026—2007)、《建筑施工测量标准》(JGJ/T 408—2017) 中的规定，结合本次实训任务，确定平面点位的放样精度限差为±10mm。
(3) 使用彩色粉笔或者钢钉在地面做好放样点位标志。
(4) 小组协作，共同完成放样任务，并完成组内自查和组间互查。

五、实训内容

若无真实坐标，可以用如图 2-2 所示的假定坐标（单位：m），图上给出了设计建筑物四角 1、2、3、4 点的设计坐标，A、B 为已知控制点。注意设计建筑物四个角点之间无遮挡，地势平坦。实际练习中最好使用学校当地的真实坐标，并且各组在同一坐标系统下完成实训，以方便各组互检及老师抽检。

六、实训步骤

1. 提取各组对应建筑物主轴线点设计坐标（实训课前完成）

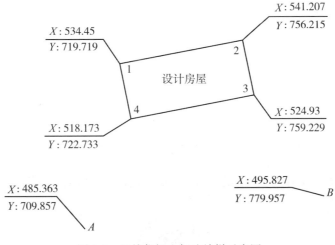

图 2-2 经纬仪极坐标法放样示意图

表 2.4 待放样建筑物主轴线点坐标及相关数据

点号	X 坐标(m)	Y 坐标(m)	点号	X 坐标(m)	Y 坐标(m)
A1			A2		
A3			A4		
长度			宽度		
对角线					

2. 计算各组对应的极坐标法放样数据(实训课前完成)

计算方法可使用：
(1)普通计算器计算法；
(2)可编程计算器计算法；
(3)Excel 表格计算法；
(4)CAD 图解计算法；
(5)VB 编程计算法。

表 2.5 待放样建筑物主轴线点坐标及相关数据

边	方位角(° ′ ″)	夹角	角度(° ′ ″)	边	边长(m)
AB					

续表

边	方位角(° ′ ″)	夹角	角度(° ′ ″)	边	边长(m)
A1		∠BA1		A1	
A2		∠BA2		A2	
A3		∠BA3		A3	
A4		∠BA4		A4	

请同学们扫描二维码 2.2，下载 Excel 表格完成极坐标放样数据计算。

二维码 2.2　Excel 表格计算极坐标放样数据

测设数据计算方法如下：

根据 A、B 点的坐标计算 A、B 两点间的坐标差（$\Delta X = X_B - X_A$，$\Delta Y = Y_B - Y_A$），再按下列公式计算确定 AB 的坐标方位角 α_{AB}：

当 $\Delta X = 0$ 且 $\Delta Y > 0$ 时，$\alpha_{AB} = 90°$；

当 $\Delta X = 0$ 且 $\Delta Y < 0$ 时，$\alpha_{AB} = 270°$；

当 $\Delta X > 0$ 且 $\Delta Y = 0$ 时，$\alpha_{AB} = 0°$；

当 $\Delta X < 0$ 且 $\Delta Y = 0$ 时，$\alpha_{AB} = 180°$；

当 $\Delta X > 0$ 且 $\Delta Y > 0$ 时，$\alpha_{AB} = \arctan \dfrac{|\Delta Y|}{|\Delta X|}$；

当 $\Delta X < 0$ 且 $\Delta Y > 0$ 时，$\alpha_{AB} = 180° - \arctan \dfrac{|\Delta Y|}{|\Delta X|}$；

当 $\Delta X < 0$ 且 $\Delta Y < 0$ 时，$\alpha_{AB} = \arctan \dfrac{|\Delta Y|}{|\Delta X|} + 180°$；

当 $\Delta X > 0$ 且 $\Delta Y < 0$ 时，$\alpha_{AB} = 360° - \arctan \dfrac{|\Delta Y|}{|\Delta X|}$。

由 AB 方向顺时针旋转至 $A1$ 方向的水平夹角为：$\beta_1 = \alpha_{AB} - \alpha_{A1}$；

同法，可计算直线 $A1$、$A2$、$A3$、$A4$ 的坐标方位角 α_{A1}、α_{A2}、α_{A3}、α_{A4}。

由 AB 方向顺时针旋转至 $A2$、$A3$、$A4$ 方向的水平夹角为：

$$\beta_2 = \alpha_{AB} - \alpha_{A2}, \quad \beta_3 = \alpha_{AB} - \alpha_{A3}, \quad \beta_4 = \alpha_{AB} - \alpha_{A4}$$

两点间的距离公式为：$D = \sqrt{(X_P - X_A)^2 + (Y_P - Y_A)^2}$

建筑物长：

$$D_{12} = \sqrt{(X_2 - X_1)^2 + (Y_2 - Y_1)^2} = \sqrt{(541.207 - 534.45)^2 + (756.215 - 719.719)^2}$$
$$= 37.11(\text{m}),$$

建筑物宽：

$$D_{14} = \sqrt{(X_4 - X_1)^2 + (Y_4 - Y_1)^2} = \sqrt{(518.173 - 534.45)^2 + (722.733 - 719.719)^2}$$
$$= 16.55(\text{m})_\circ$$

3. 完成矩形建筑物主轴线点放样(实训课中完成)

(1) 选择一个控制点，架设经纬仪定向。如图 2-2 所示，我们在测站点 A 点上安置经纬仪，完成对中整平。瞄准 B 点上的目标(测钎或其他照准标志)定向，配盘(置数)为 0°00′00″。

(2) 以放样建筑物角点 4 为例，根据已知坐标，利用经纬仪极坐标法反算出放样所需的角度(∠BA4)和距离(A4)。

(3) 打开水平制动，逆时针转动望远镜拨 ∠BA4 的角度值，定出 A4 方向，固定水平制动螺旋。

(4) 顺着 A4 视线方向使用钢尺量取距离 A4。在量距的过程中，不断指挥量距人员左右移动钢尺，使钢尺上 A4 距离对应的点位与望远镜十字丝的中心重合，确定 4 点的平面位置。

(5) 重复上述步骤，依次放样出 1、2、3 点。

(6) 放样完成之后，使用经纬仪测量矩形的 4 个内角，看是否满足限差要求，使用钢尺测量建筑物四边长度，判断是否满足限差要求，如果超限了，需重新放样。

4. 检查放样结果(实训课中完成)

(1) 小组自检：各小组完成本组矩形建筑物 4 个主轴线点放样，先完成组内自检(现场用钢尺检查长度、宽度、对角线长度)。

(2) 组间互检：各小组间互相检查对方放样的建筑物轴线尺寸(长度、宽度、对角线)是否正确，这些数据都可以从图 2-1 上获取。

(3) 老师抽检：老师可以用钢尺抽检矩形建筑物的几何尺寸(长度、宽度、对角线)，也可以用全站仪抽检矩形建筑物轴线交点坐标。前者属于检查相对位置精度，后者属于检查绝对位置精度(老师事先从图 2-1 上提取所有轴线点坐标，如表 2.2 所示，直接输入对应点的坐标，放样检查学生的放样精度)。

七、检查记录

将检查结果记录到表 2.6 中。

表 2.6　　　　　　　　　　　距离、角度精度检查表

检查要素	检查性质	设计值	实际测量值（cm）	差值（理论-实际）（cm）	检查人员签字
建筑物长 12	自检（组内检查）				
建筑物宽 13					
建筑物对角线 14					
建筑物对角线 23					
建筑物长 12	互检（组间互检）				
建筑物宽 13					
建筑物对角线 14					
建筑物对角线 23					
抽检某条边	抽检（老师抽检）				
抽检某条对角线					
抽检某个交点坐标		X Y	X Y	X Y	

八、注意事项

（1）在计算放样数据之前，要先确定经纬仪所立控制点位，以免所计算放样数据错误。

（2）在放样角度过程中，判断好是顺时针旋转还是逆时针旋转望远镜。

（3）在放样距离过程中，钢尺要水平拉直，读数要准确。

（4）为了便于老师使用全站仪抽检各组点放样绝对位置精度，各组放样的建筑物需要在一个坐标系统下，这样老师安置一次仪器就可以全部抽检完毕。

九、扩展训练

如果待测设点距离控制点较远，且在量距较困难的建筑施工场地，利用经纬仪极坐标法不能放样待测设点时，在这样的情况下，可使用哪种方法放样地面点位？

十、实操考核标准

经纬仪极坐标法放样考核标准如表 2.7 所示。

表 2.7 经纬仪极坐标法放样考核

考核项目	考核内容及要求	分值	评价标准	得分
经纬仪极坐标法点的平面位置放样	仪器取出和放还	5	取出仪器后盖上仪器箱；放还仪器之前将脚螺旋归位到工作状态；正确装箱之后锁好	
	三脚架的安置	5	三脚架架腿倾斜度合理，平地观测时脚尖大致组成正三角形，拧紧架腿螺旋，踩实脚架，结束后收起脚架并系上绑带	
	经纬仪的安置	10	三脚架高度适中，架头大致水平，大致对中；安置仪器之前确认脚螺旋处于工作状态，中心连接螺旋是否拧紧，有无骑架观测现象	
	对中整平的方法和效果	15	对中整平方法是否合理，速度如何；圆水准气泡和长水准管是否居中；观测过程中气泡是否偏离；能否正确使用光学对中器	
	照准目标精确度	10	是否会用粗瞄器大致照准，然后精确照准；使用物镜（目镜）调焦螺旋调清目标并消除视差；能否正确使用制动和微动螺旋精确照准目标；十字丝中心是否和目标底部中心严密重合	
	观测熟练程度	10	读数是否快速、准确，估读是否正确；能否使用配盘；手轮正确配盘；旋转仪器之前是否打开制动螺旋	
	观测员和司尺员、投点员的配合	10	能否合理指挥司尺员在视线方向上拉紧钢尺；观测员和司尺员、投点员配合默契，准确投点	
	拨角和量距	15	能正确配盘，并放样直角，理解正拨和反拨；若定向后配盘值不为零则应用 90°加上此值；量距时钢尺是否拉紧，读数是否准确，零点是否对中标志中心	
	平面点位放样精度	15	投点时铁钉位置是否在正确方向线上；矩形直角误差≤60″，桩距相对误差≤1/2000	
	观测速度	5	能在规定时间内完成全部工作；收好仪器和三脚架并上交成果	
满分		100	总得分	

任务 2.2　经纬仪直角坐标法放样

一、实训目的

(1)掌握用经纬仪和钢尺进行直角坐标法放样的基本过程。
(2)练习直角放样的基本步骤，同时思考归化放样的基本方法。
(3)掌握检核放样点位的精度(钢尺检查距离、经纬仪检查角度)。

二、实训仪器及设备

DJ2级光学经纬仪(或电子经纬仪)1台、三脚架1个、测钎6根、钢尺1把、红蓝色铅笔各1支、锤子1把、铁钉若干、木桩3~4个。

三、任务目标

(1)能利用直角坐标法放样设计矩形建筑物。
(2)能计算放样数据(测设的水平角和水平距离)。
(3)检查矩形的4个内角是否分别等于90°，4个边长是否等于设计边长。

四、实训要求

(1)每组完成一个建筑物的放样，每名同学完成一个平面点位的放样。
(2)根据《工程测量规范》(GB 50026—2007)、《建筑施工测量标准》(JGJ/T 408—2017)中的规定，结合本次实训任务，确定平面点位的放样精度限差为±10mm。
(3)使用彩色粉笔或者钢钉在地面做好平面点位标志。
(4)小组协作，共同完成放样任务，并完成组内自查和组间互查。

五、实训内容

若无真实坐标，可以用如图2-3所示的假定坐标，图上给出了设计建筑物四角中 a 和 c 两点的设计坐标，A、B 为已知控制点，并给出了 A 点的坐标。注意设计建筑物四个角点之间无遮挡，地势平坦。实际练习中最好使用学校当地的真实坐标，并且各组在同一坐标系统下完成实训，以方便各组互检及老师抽检。图2-3中数据较大，实训中建筑物边长选择应小一些，以避免场地不够。

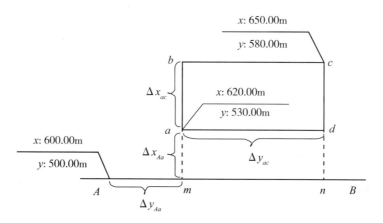

图 2-3 经纬仪直角坐标法放样示意图

六、实训步骤

1. 计算测设数据(实训课前完成)

(1) A 点和 a 点的纵坐标差：$\Delta x_{Aa} = x_a - x_A = 620 - 600 = 20$m；

(2) A 点和 a 点的横坐标差：$\Delta y_{Aa} = y_a - y_A = 530 - 500 = 30$m；

(3) 建筑物的长：$\Delta y_{ac} = y_c - y_a = 580 - 530 = 50$m；

(4) 建筑物的宽：$\Delta x_{ac} = x_c - x_a = 650 - 620 = 30$m。

2. 完成直角坐标法放样(实训课中完成)

(1) 首先利用直角坐标法计算放样数据，包括 A 和 a 两点的纵、横坐标差 Δx_{Aa} 和 Δy_{Aa}，建筑物的长和宽(a 和 c 两点的纵、横坐标差 Δx_{ac} 和 Δy_{ac})。

(2) 在 A 点安置仪器，在 B 点竖立测钎，盘左(正镜)照准 B 点作为后视进行定向，精确照准 B 点后水平制动和水平微动螺旋不要再转动。

(3) 司尺员将钢尺零点紧贴于 A 点，另一端在 AB 方向线上。观测者上下旋转望远镜和竖直微动螺旋，指挥司尺员让钢尺位于视线方向上，然后从 A 点量取 Δy_{Aa} 并精确投点，得到 m 点，再从 m 点量取建筑物的长 Δy_{ac} 并精确投点，得到 n 点。

(4) 将仪器安置在 m 点上，瞄准 B 点定向，逆时针旋转 90°，用同样的方法从 m 点开始量取 Δx_{Aa} 并精确投点，得到 a 点，再量取 Δx_{ac} 得到 b 点。

(5) 将仪器安置在 n 点上，瞄准 A 点定向，顺时针旋转 90°，用同样的方法从 n 点开始量取 Δx_{Aa} 并精确投点，得到 d 点，再量取 Δx_{ac} 得到 c 点。

(6)检核测设建筑物各边长和各角是否满足放样的精度要求。

3. 检查放样结果(实训课中完成)

(1)小组自检:各小组完成本组矩形建筑物 4 个主轴线点放样,先完成组内自检(现场用钢尺检查长度、宽度、对角线长度)。

(2)组间互检:各小组间互相检查对方放样的建筑物轴线尺寸(长度、宽度、对角线)是否正确。

(3)老师抽检:老师可以用钢尺抽检矩形建筑物的几何尺寸(长度、宽度、对角线),也可用全站仪抽检矩形建筑物轴线交点坐标。前者属于检查相对位置精度,后者属于检查绝对位置精度。

七、检查记录

将检查结果记录到表 2.8 中。

表 2.8　　　　　　　　　　距离、角度精度检查表

检查要素	检查性质	设计值	实际测量值(cm)	差值(理论-实际)(cm)	检查人员签字
建筑物长 12	自检(组内检查)				
建筑物宽 13					
建筑物对角线 14					
建筑物对角线 23					
建筑物长 12	互检(组间互检)				
建筑物宽 13					
建筑物对角线 14					
建筑物对角线 23					
抽检某条边	抽检(老师抽检)				
抽检某条对角线					
抽检某个交点坐标		X	X	X	
		Y	Y	Y	

实际工作中也可以检查建筑物的 4 条边或 4 个角,但是角度的检查比较麻烦,每检查一个角度都需要设置一次测站。如表 2.9 所示为距离和角度检查的记录表。

表 2.9　　　　　　　　　　　距离、角度精度检测表

检测元素　　数据	已知值	实际测量	差值(理论-实际)
ab 距离	30m	30.01m	−1cm
bc 距离	50m	49.98m	2cm
cd 距离	30m	29.98m	2cm
da 距离	50m	50.01m	−1cm
$\angle a$	90°00′00″	90°00′13″	−00°00′13″
$\angle b$	90°00′00″	89°59′48″	00°00′12″
$\angle c$	90°00′00″	89°59′52″	00°00′08″
$\angle d$	90°00′00″	90°00′20″	−00°00′20″

八、注意事项

(1)在放样角度过程中,判断好是正拨还是反拨。

(2)在放样距离过程中,钢尺要水平拉直,读数要准确。

九、扩展训练

请各位同学思考一下,直角坐标法和经纬仪极坐标法,两者之间有什么区别?在什么条件下适合使用直角坐标法?在什么条件下适合使用经纬仪极坐标法?

任务 2.3　全站仪坐标法点位放样

一、实训目的

(1)掌握全站仪坐标法点位放样的基本原理。
(2)掌握全站仪坐标法点位放样的具体流程。
(3)掌握检核放样点位精度的步骤。

二、实训仪器及设备

2″级全站仪1台、专用三脚架1个、跟踪杆1根、小棱镜1个、锤子1把、铁钉若干、彩色粉笔若干。

三、任务目标

(1)各小组利用全站仪测设出校园内设计建筑物的平面位置。
(2)检查放样点精度是否满足测量规范中的限差要求。

四、实训要求

(1)每人独立完成测站设置工作并完成2个以上平面点位的放样。
(2)根据《工程测量规范》(GB 50026—2007)、《建筑施工测量标准》(JGJ/T 408—2017)中的规定,结合本次实训任务,确定平面点位的放样精度限差为±25mm。
(3)小组协作,共同完成放样任务,并完成组内自查和组间互查。

五、实训内容

若无真实坐标,可以用如图2-4所示的假定坐标(单位:m),图上给出了设计建筑物1、2、3、4四个角点的设计坐标,A、B为两个已知控制点。实际练习中,最好使用学校当地的真实坐标,并且各组在同一坐标系下完成实训,以方便各组互检及老师抽检。

六、实训步骤

1. 提取各组对应的建筑物主轴线点设计坐标(实训课前完成)

1)设计建筑物
在校园地形图上设计好如图2-5所示的建筑物,本例中6个建筑物位于操场北侧跑道南边,6个控制点位于操场北侧跑道北侧。

2)已知控制点布设
若校园内有已知控制网,则直接使用控制网成果;若没有则事先布设控制点,为了方便各组使用,控制点最好是1组一个,后视定向的可以统一采用某个点。准备完毕的控制点坐标数据如表2.1所示。

3)提取待放样点坐标

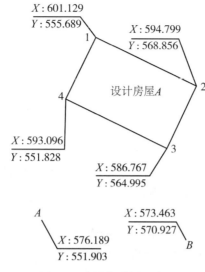

图 2-4 全站仪放样示意图

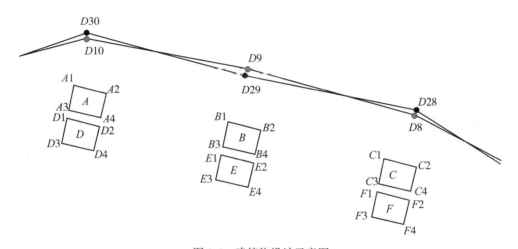

图 2-5 建筑物设计示意图

使用 CASS 软件提取矩形建筑物各轴线交点坐标,需要老师事先将设计好建筑物的校园地形图发给学生,提取完毕的放样点坐标如表 2.2 所示,需要学生处理成 *.dat 格式的坐标数据文件并上传到全站仪中。

2. 完成矩形建筑物主轴线点放样(实训课中完成)

1)安置仪器

在测站点上安置仪器,完成对中整平,对中误差控制在 3mm 之内,开机选择放样功能。

2)建立或选择工作文件

工作文件是存储当前测量数据的文件,文件名要简洁、易懂,便于区分不同时间或地点的数据，一般可用测量时的日期作为工作文件的文件名。

3）测站设置

如果事先上传了控制点坐标数据文件，可从文件中选择测站点点号来设置测站，否则需手工输入测站点坐标来设置测站。

4）后视定向

从仪器中调入或手工输入后视点坐标，也可直接输入后视方位角，然后照准后视点，按确认键进行定向。

5）定向检查

找到另外一个已知控制点，竖立棱镜并测量其坐标，将测出来的坐标与已知坐标比较，通常要求 X、Y 坐标差都应该在 2cm 之内。

6）点位放样

（1）现场输入或从内存文件中选择（当放样点数量较多时通常预先上传坐标数据文件）待放样点的点号，仪器会自动计算出极角（待放样点方向和定向方向的夹角）和极距（测站点到放样点的距离），并显示出来，此时点击确认。

（2）仪器首先显示当前找准方向和正确方向之间的夹角 $\Delta\beta$，此时旋转照准部使得 $\Delta\beta$ 为零（当差值很小时，水平制动，用水平微动调），然后锁定水平制动，则正确方向已经找到。

（3）在此方向线上指挥司镜员移动，并测距离，仪器会显示当前距离和正确距离的差值 Δd，当 Δd 为零时，放样目标点即找到。通常情况下，当 Δd 显示为 1m 以内的数后，用小钢尺配合棱镜找到点位，并钉木桩，然后精确投测小钉。

用以上方法放样出本组建筑物 4 个角点的屏幕位置。

3. 检查放样结果（实训课中完成）

（1）小组自检：各小组完成本组矩形建筑物 4 个主轴线点放样，先完成组内自检（现场用钢尺检查长度、宽度、对角线长度）。

（2）组间互检：各小组间使用全站仪放样对方的某一个点，检查其是否正确。

（3）老师抽检：老师可以用钢尺抽检矩形建筑物的几何尺寸，如长度、宽度、对角线（相对精度），也可用全站仪抽检矩形建筑物轴线交点坐标（绝对位置精度）。

七、检查记录

将检查结果记录到表 2.10 中。

表 2.10　　　　　　距离、角度精度检查表

检查要素	检查性质	设计值	实际测量值（cm）	差值（理论-实际）（cm）	检查人员签字
建筑物长 12	自检（组内检查）				
建筑物宽 13					
建筑物对角线 14					
建筑物对角线 23					

续表

检查要素	检查性质	设计值	实际测量值（cm）	差值（理论-实际）（cm）	检查人员签字
抽检某个交点坐标	互检（组间互检）	X	X	X	
		Y	Y	Y	
抽检某条边	抽检（老师抽检）				
抽检某条对角线					
抽检某个交点坐标		X	X	X	
		Y	Y	Y	

八、注意事项

（1）全站仪完成后视定向后，要检查定向是否正确，检查点最好是另外一个控制点。

（2）确定好放样方向后，望远镜水平方向不可再动，竖直方向可以动。

（3）当跟踪杆大概到达待放样点位时，倒立跟踪杆小棱镜朝向下方，或者用小卷尺量距。

九、扩展训练

请各位同学思考，如何利用全站仪放样图 2-6 所示的多点建筑物（单位：m；提示：可以利用钢尺）。

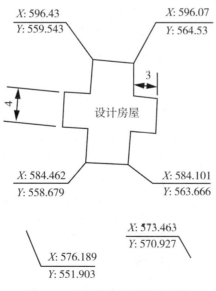

图 2-6 多点建筑物放样示意图

十、实操考核标准

全站仪坐标法放样考核标准如表 2.11 所示。

表 2.11　　　　　　　　　　全站仪坐标法放样考核

考核项目	考核内容及要求	分值	评价标准	得分
全站仪坐标法平面点位放样	仪器取出和放还	5	取出仪器后盖上仪器箱，放还仪器之前将脚螺旋归位到工作状态，正确装箱之后锁好	
	三脚架的安置	5	三脚架架腿倾斜度合理，平地观测时脚尖大致组成正三角形，拧紧架腿螺旋，踩实脚架，结束后收起脚架并系上绑带	
	全站仪的安置	10	三脚架高度适中，架头大致水平，大致对中；安置仪器之前确认脚螺旋处于工作状态，中心连接螺旋是否拧紧，有无骑架观测现象	
	对中整平的方法和效果	15	对中整平方法是否合理，速度如何；圆水准气泡和长水准管是否居中；观测过程中气泡是否偏离，能否正确使用光学对中器	
	照准目标精确度	10	是否会用粗瞄器大致照准，然后精确照准；使用物镜（目镜）调焦螺旋调清目标并消除视差，能否正确使用制动和微动螺旋精确照准目标十字丝中心，看其是否和目标底部中心严密重合	
	观测熟练程度	10	读数是否快速、准确，估读是否正确；能否使用配盘手轮正确配盘；旋转仪器之前是否打开制动螺旋	
	观测员和司镜员、投点员的配合	10	能否合理指挥司镜员在视线方向上合理移动，能否用清晰合理的手势和语言告诉司镜员向正确的方向移动。观测员和司镜员、投点员是否做到配合默契、准确投点	
	司镜员能否合理地移动棱镜找到点位	15	司镜员能否用目估和步量方法大致判断点位，能否按照观测员的提示快速合理地移动到待放样的点位上	
	投点员能否正确地将大木桩打入地面，并精确投钉	15	能否将大木桩用大锤垂直打入地面以下，外露 10~20cm，若打偏，能否合理地调回正确位置；投点时铁钉位置是否在正确方向线上，矩形直角误差≤60″，桩距相对误差≤1/2000	
	放样速度	5	能在规定时间内完成全部工作；收好仪器和三脚架，并上交成果	
满分		100	总得分	

任务 2.4 RTK 法平面点位放样

一、实训目的

(1) 掌握 RTK 坐标法平面点位放样的原理。
(2) 掌握 RTK 坐标法平面点位放样的具体流程。
(3) 具备检核放样点位精度的能力。

二、实训仪器及设备

RTK 流动站 1 台、RTK 基准站 1 台(校园内有 CORS 站,可不用领取)、锤子 1 把、铁钉若干、彩色粉笔若干。

三、任务目标

(1) 各小组利用 RTK 测设出校园内设计建筑物的平面位置。
(2) 检查放样点精度是否满足测量规范中的限差要求。

四、实训要求

(1) 每个小组完成 2 个建筑物的放样,每名同学独立完成 2 个以上平面点位的放样。
(2) 根据《工程测量规范》(GB 50026—2007)、《建筑施工测量标准》(JGJ/T 408—2017)中的规定,结合本次实训任务,确定平面点位的放样精度限差为±25mm。
(3) 小组协作,共同完成放样任务,并完成组内自查和组间互查。
(4) 如果是假定坐标,请先完成四参数解算。

五、实训内容

如图 2-7 所示,在地形图上设计 12 个建筑物,每组使用 RTK 放样出其中的两个,放大后的点位如图 2-8 所示。说明:在精度较高的建筑施工放样中,建筑物轴线放样需要使用全站仪进行放样才能达到精度要求,本次实训旨在练习 RTK 放样方法。

请同学们扫描二维码 2.3,下载图 2-8 电子版 *.dwg 格式图纸,并提取坐标。
请同学们扫描二维码 2.4,下载从图 2-8 中提取的数据,用来练习放样。

六、实训步骤

1. 提取各组对应的建筑物主轴线点设计坐标(实训课前完成)

1) 设计建筑物
在校园地形图上设计好如图 2-8 所示的建筑物。

实训项目 2　建筑物轴线放样

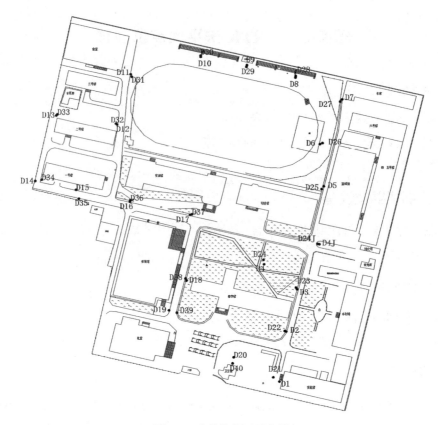

图 2-7　建筑物位置示意图

2)已知控制点布设

若校园内有已知真实国家坐标控制点，则直接使用；若没有，则教师事先做好至少 2 个控制点。若为假定坐标，则需要解算四参数，四参数解算在实训项目 3 中有详细介绍。

3)提取待放样点坐标

使用 CASS 软件提取矩形建筑物各角点坐标，需要老师事先将设计好建筑物的校园地形图发给同学们，提取放样点坐标，并处理成 *.dat 格式的坐标数据文件上传到 RTK 手簿中。

2. 完成矩形建筑物主轴线点放样(实训课中完成)

(1)设置基准站，开机完成基准站各项设置。
(2)启动流动站，连接蓝牙、连接基准站(或者 CORS 站)。
(3)根据校园内已有控制点进行点校正，校正完成后检查是否正确。
(4)输入待放样点坐标，或者调用导入的坐标。根据移动站手簿的提示，寻找待放样点位置。
(5)检查放样点位精度，判断是否满足限差要求。
(6)重复上述步骤，依次放样出其他各点。

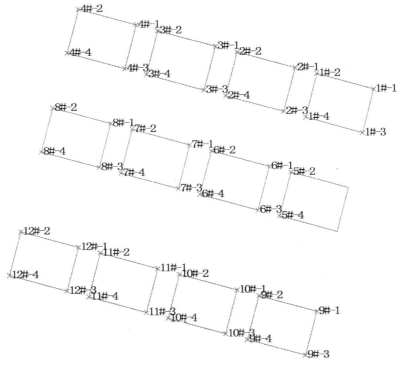

图 2-8 建筑物布置图

二维码 2.3　图 2-8 对应的电子版图纸

二维码 2.4　图 2-8 中提取的数据

3. 检查放样结果(实训课中完成)

(1)小组自检：各小组完成本组矩形建筑物 4 个主轴线点放样，先完成组内自检(现场用钢尺检查长度、宽度、对角线长度)。

(2)组间互检：各小组间使用 RTK 放样对方的某一个点，检查其是否正确。

（3）老师抽检：老师可以用钢尺抽检矩形建筑物的几何尺寸，如长度、宽度、对角线（相对精度），也可用全站仪抽检矩形建筑物轴线交点坐标(绝对位置精度)。

七、检查记录

将检查结果记录到表 2.12 中。

表 2.12　　　　　　　　　距离、角度精度检查表

检查要素	检查性质	设计值	实际测量值（cm）	差值（理论-实际）（cm）	检查人员签字
建筑物长 12	自检（组内检查）				
建筑物宽 13					
建筑物对角线 14					
建筑物对角线 23					
抽检某个交点坐标	互检（组间互检）	X	X	X	
		Y	Y	Y	
抽检某条边	抽检（老师抽检）				
抽检某条对角线					
抽检某个交点坐标		X	X	X	
		Y	Y	Y	

检查结果举例(表 2.13)：

表 2.13　　　　　　　　　RTK 精度检测样表

设计建筑物		设计坐标		检查实测坐标		差值（理论-实测）		组别：1
		X 坐标（m）	Y 坐标（m）	X 坐标（m）	Y 坐标（m）	ΔX（mm）	ΔY（mm）	组员
A	1	4645032.992	542822.911	4645032.984	542822.932	8	−21	
	2	4645029.080	542839.011	4645029.095	542839.024	−15	−13	
	3	4645019.666	542836.723	4645019.681	542836.704	−15	19	
	4	4645023.578	542820.623	4645023.562	542820.608	16	15	

八、注意事项

（1）移动站完成点校正之后，一定要检查校正结果是否正确。
（2）不要选择比较近的控制点进行校正，选择的控制点之间，尽量远一些。

(3)当移动站快到达待测设点时,根据提示缓慢移动,找到准确点位。

九、扩展训练

我们已经进行了经纬仪极坐标法放样、直角坐标法放样、全站仪坐标法点位放样与 RTK 法平面点位放样的实训,请各位同学对这四种方法进行对比分析,写出各自的优缺点及其适用范围。

十、实操考核标准

RTK 坐标法放样考核标准如表 2.14 所示。

表 2.14 **RTK 坐标法放样考核**

考核项目	考核内容及要求	分值	评价标准	得分
全站仪坐标法平面点位放样	仪器取出和放还	5	取出仪器后盖上仪器箱,放还仪器之前将脚螺旋归位到工作状态,正确装箱之后锁好	
	三脚架的安置	5	三脚架架腿倾斜度合理,平地观测时脚尖大致组成正三角形,拧紧架腿螺旋,踩实脚架,结束后收起脚架并系上绑带	
	RTK 基准站的设置	10	基准站设置是否正确,主机确认为基准站模式(若为静态模式或者流动站模式能够自行设置)。若为 CORS 则无此步骤	
	RTK 流动站的设置	15	移动站设置是否正确,主机确认为移动站模式,设置蓝牙、设置电台通道或者 GPRS 模块,若使用 CORS 则能通过账号连接仪器并完成正确的设置	
	RTK 手簿的操作	10	熟悉手簿软件(南方工程之星 EGStar,中海达 Hi-RTK、华测)	
	坐标系统的建立	10	椭球的选择、中央子午线的输入、Y 坐标加常数的设置	
	四参数的解算	15	能否通过采集 2 个控制点的 WGS-84 坐标,使用这两点的已知坐标,解算出正确的四参数,四参数的精度是否可以满足施工放样要求	
	点校正	10	能否使用一个已知点完成点校正,再到已知控制点上进行检查	
	点放样	15	能否正确使用点放样功能调取或者输入待放样点的坐标,依据仪器提示正确快速地找到点位,并做好点位标记	
	放样速度	5	能在规定时间内完成全部工作,收好仪器和三脚架,并上交成果	
	满分	100	总得分	

任务 2.5　建筑物桩基础放样

一、实训目的

(1) 掌握建筑物桩基础图纸识图的基本原则和方法。
(2) 掌握桩基础平面图上桩点坐标数据的提取方法。
(3) 掌握使用测绘仪器设备放样桩位的基本方法。

二、实训仪器及设备

2″级全站仪 1 台、专用三脚架 1 个、跟踪杆 1 根、小棱镜 1 个、锤子 1 把、铁钉若干、彩色粉笔若干。

三、任务目标

(1) 使用建筑施工图中的桩基础平面图和建筑物总平面图提取桩点坐标数据文件，并完成"施工技术交底"。
(2) 使用测绘仪器完成桩点位置的放样工作，并完成"工程定位测量记录单"和"施工测量放线报验单"。
(3) 使用测绘仪器完成桩点位置放样精度的检查，并完成"工程定位测量检查记录单"。

四、实训要求

(1) 每人完成桩点坐标数据文件的提取。
(2) 根据《工程测量规范》(GB 50026—2007)、《建筑施工测量标准》(JGJ/T 408—2017) 中的规定，结合本次实训任务，确定平面点位的放样精度限差为±50mm。
(3) 小组协作，共同完成放样任务，并完成组内自查和组间互查。

五、实训内容

如图 2-9 所示为建筑物桩位设计平面图，图 2-10 为建筑物总平面图。完成桩位平面图和建筑物总平面图的套合，提取桩点坐标，放样工作可根据实际情况解算四参数后放样一部分点位。

六、实训步骤

1. 提取桩点设计坐标(实训课前完成)

1) 图纸的转换

根据建筑物总平面图和桩基础平面图的关系，把桩基础平面图和总平面图套合到一

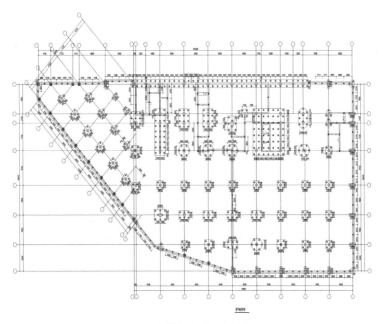

图 2-9 建筑物桩位设计平面图

起,以便使用软件提取桩点坐标。请同学们扫描二维码 2.5,下载建筑物总平面图和桩位平面图。

二维码 2.5 建筑物总平面图和桩位平面图

2)桩点的提取

使用 CASS 软件的坐标提取功能,将所有桩点坐标提取出来生成 *.dat 格式数据文件,并将点号展绘在桩位图上,以方便放样时使用。请同学们扫描二维码 2.6,下载桩点坐标数据文件与自己提取生成的文件进行对比,检查其是否正确。

二维码 2.6 桩点坐标数据文件

实训项目2 建筑物轴线放样

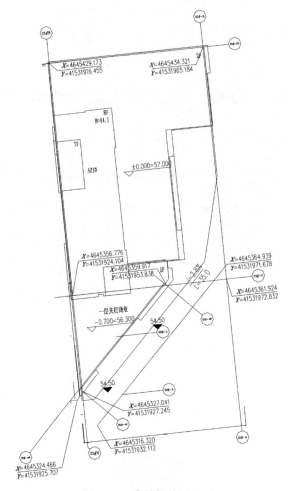

图 2-10 建筑物总平面图

3) 坐标数据文件的上传

将桩点坐标数据文件上传至全站仪或 RTK 手簿中。

2. 使用全站仪或 RTK 完成桩点位置放样(实训课中完成)

1) 已知控制点放样

教师将图 2-10 中已知建筑物的四个角点放样于实地作为学生解算四参数的已知控制点。

2) 桩位的放样

学生对照桩基础平面图的点号,使用全站仪或 RTK 逐个点位地完成桩点放样工作。

3. 完成桩点放样精度检查(实训课中完成)

1) 相对位置的检查

对照桩点平面图上的轴网间距,实地用钢尺量取桩点距离,抽查若干组桩距,检查桩点间相对位置关系的正确性。

2）绝对位置的检查

教师使用 RTK 完成四参数解算或点校正之后，先检查四个角落处桩位的正确性（依据角点位置和周围桩点的关系），再随机抽取若干个桩点间距、若干个桩点位置。

七、检查记录

将检查结果记录到表 2.15 中。

表 2.15　　　　　　　　　　距离、角度精度检查表

检查要素	检查性质	设计值	实际测量值（cm）	差值（理论-实际）（cm）	检查人员签字
桩点间距抽样 1	自检（组内检查）				
桩点间距抽样 2					
桩点间距抽样 3					
桩点间距抽样 4					
抽检某个桩点坐标	互检（组间互检）	X	X	X	
		Y	Y	Y	
角点 1 与相邻轴线距离检查	抽检（老师抽检）	X	X	X	
		Y	Y	Y	
角点 2 与相邻轴线距离检查		X	X	X	
		Y	Y	Y	
角点 3 与相邻轴线距离检查		X	X	X	
		Y	Y	Y	
角点 4 与相邻轴线距离检查		X	X	X	
		Y	Y	Y	
桩点间距抽样 1					
桩点间距抽样 2					
抽检某个桩点坐标		X	X	X	
		Y	Y	Y	

八、注意事项

（1）判断建筑物总平面图上的已知坐标是否是桩位图上主轴线交点坐标。

（2）建筑物总平面图是以米为单位的，而桩位平面图是以毫米为单位的。

九、扩展训练

请同学们查阅有关资料,思考使用经纬仪挂轴线的放样如何放样建筑物桩基础的桩位?

十、完成如下几个表格

1. 工程定位测量记录

完成工程定位测量记录表2.16。

表2.16　　　　　　　　　　　工程定位测量记录

工程定位测量记录表		编号		
工程名称		委托单位		
图纸编号		施测日期	年　月　日	
平面坐标依据		复测日期		
高程依据		使用仪器	年　月　日	
允许误差		仪器校验日期	年　月　日	
定位抄测示意图:				
复测结果:				
签字栏	建设(监理)单位	施工(测量)单位		测量人员岗位证书号	
	专业技术负责人	测量负责人	复测人	施测人

2. 施工测量放样报验单

完成表 2.17 施工测量放样报验单。

表 2.17　　　　　　　　　　　施工测量放样报验单

工程名称：　　　　　合同号：　　　　　施工单位：

致 _____ 监理公司：
根据合同要求，我们已完成_____
_____（工程或部位名称）的施工放线工作，清单如下，请予查验。
附件：测量及放样资料

　　　　施工单位：　　　　　　日期：

工程或部位名称	放 样 内 容	备 注

查验结果：

　　　　　　　　　　　　　　　测量员：　　年　月　日

监理工程师的结论：

　　　　　　　　　　　　　　　监理工程师：　　年　月　日

3. 工程定位测量检查记录

完成工程定位测量检查记录表2.18。

表2.18　　　　　　　　　　　　工程定位测量检查记录

工程名称		放线日期	年　月　日
放线部位		放线内容	
放线依据：			
放线简图：			
施工单位检查意见	专业工长		施测人	
	项目专业质检员：		专业技术负责人： 年　月　日	
监理(建设)单位意见	专业监理工程师： (建设单位项目技术负责人) 年　月　日			

实训项目 3　道路中线放样

一、实训项目简介

中线测量是线路工程施工测量中的一项重要内容，是确定线路平面和竖向位置及走向的关键步骤之一。本项目单元主要训练三种道路中线放样方法：经纬仪偏角法、全站仪坐标法、RTK 坐标法，这三种方法全部采用同一组数据，互相检核，故此项实训最好用连续 4 学时完成，各学校可根据自己学校的学时情况选择性地安排实训环节，但实际工作中目前主要使用的是 RTK 坐标法。最后再训练一种道路中线高程放样方法：水准仪放样中桩高程。

本项目中包含了经纬仪偏角法，此方法在目前实际工作中已很少使用，但作为线路细部点放样的传统方法，同学们可以了解一下，对比学习几种放样方法的优缺点。

二、实训目的

理解道路工程中线放样的主要知识，包括曲线要素、主点及其里程、主点放样方法、细部点放样方法。

掌握使用经纬仪、全站仪、RTK 三种设备完成线路中桩平面点位放样，使用水准仪完成线路中桩高程放样的方法。

三、实训任务

(1) 控制点布设；
(2) 经纬仪偏角法；
(3) 全站仪坐标法；
(4) RTK 坐标法；
(5) 水准仪放样中桩高程。

四、实训设备

(1) 共用设备：RTK 基准站 1 台，若使用 CORS 信号则可不架设基站。

(2) 小组设备：J2 经纬仪 1 台、全站仪 1 台、RTK 流动站及手簿 1 套、S3 水准仪 1 台、三脚架 1 副、全站仪棱镜杆 1 副、100m 钢尺 1 把、记号笔 1 支、投点工具若干。

(3) 投点工具：土质场地用 20cm 小木桩或 10cm 大铁钉(用完回收)，沥青地面和塑胶场地请用粘贴纸(用完清理)。

五、实训场地要求

在校园内找到一块长约 120m，宽约 50m 的场地，各实验小组并排操作，互不干扰。

六、实训场地控制点布设

控制点布设情况如图 3-1 所示，老师首先需要使用全站仪或 RTK 给 6 组学生放样出已知控制点（ZYi 和 JDi，$i=1$，2，…，6），对应的坐标值如表 3.1 所示。各地区坐标不同，各学校应根据自己校园的控制网为学生提供真实的控制点数据。

如果用全站仪则根据图示的位置关系放样，如果使用 RTK 则请使用各学校的校内控制点解算四参数后放样出 6 组控制点。

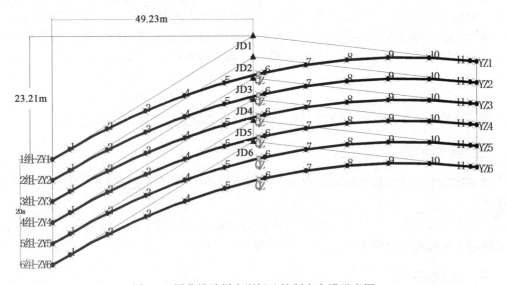

图 3-1 圆曲线放样实训场地控制点布设示意图

表 3.1 圆曲线放样控制点数据表

点号	Y 坐标(m)	X 坐标(m)	点号	Y 坐标(m)	X 坐标(m)
ZY1	550486.537	4635960.209	JD1	550535.703	4635983.422
ZY2	550486.545	4635956.209	JD2	550535.711	4635979.422
ZY3	550486.554	4635952.209	JD3	550535.720	4635975.484
ZY4	550486.562	4635948.209	JD4	550535.728	4635971.422
ZY5	550486.571	4635944.209	JD5	550535.737	4635967.422
ZY6	550486.579	4635940.209	JD6	550535.745	4635963.484

任务 3.1　控制点布设

一、实训目的

(1)掌握四参数解算的基本思想和方法。
(2)掌握使用 RTK 做图根控制点的基本要求和方法。

二、实训仪器及设备

(1)共用设备:RTK 基准站 1 台,若使用 CORS 信号则可不架设基站。
(2)小组设备:RTK 流动站及手簿 1 套,投点工具若干。

三、任务目标

(1)根据校园内的已知控制点解算出合格的四参数。
(2)使用 RTK 在场地上放样出图 3-1 所示的控制点,供各组放样线路中桩使用。

四、实训要求

(1)各小组都要解算四参数,并对结果进行对比。
(2)各组给自己放样控制点,并检查对方的控制点。

五、实训步骤

1. 解算四参数

如果校园内没有真实的控制点,而是独立坐标系下的控制点,则在使用 RTK 完成放样之前应完成四参数解算,方可使用 RTK 放样独立坐标点。

(1)首先找到校园内的两个控制点,坐标如表 3.2 所示。

表 3.2　　　　　　　　　　控制点平面直角坐标

点号	X 坐标(m)	Y 坐标(m)	H 高程(m)
QG	4645098.391	542557.926	61.760
ST	4645137.152	542423.373	61.795

(2)RTK 连接完毕获得固定解(FIXED)状态下分别在两点上采集,数据如表 3.3 所示。

表3.3 控制点大地坐标

点号	大地纬度 B	大地经度 L	大地高 H(m)
QG	41°56′22.513195″	123°30′50.540656″	72.952
ST	41°56′23.796829″	123°30′44.710184″	72.984

(3)使用RTK手簿软件"四参数解算"功能,解算四参数,结果如表3.4所示。

表3.4 四 参 数

北平移 ΔX(m)	东平移 ΔY(m)	旋转角 ε(dd.mmssss)	比例尺 k(无单位)
69.9667	41001261.6191	−0.0058234133	0.99996099033399

(4)解算完毕之后,若比例尺 k 值在 0.9999~1.0000,则可以使用。

(5)如图3-2所示为某工程设计图,使用的是独立坐标系统,坐标轴平行于厂区主轴线,但实际上主轴线方位角并不是位于南、北、东、西方向上。使用RTK测量放样之前务必要找到至少两个控制点解算四参数。如下示例中甲方提供的控制点为 T12(163.314,329.284,49.089)和 T13(162.698,468.233,49.031)。

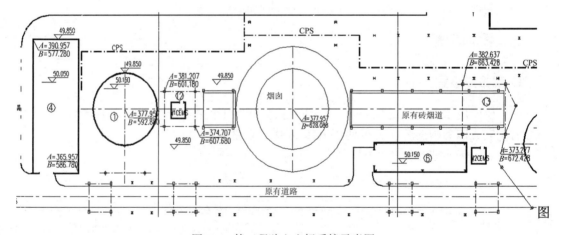

图3-2 某工程独立坐标系统示意图

(6)使用图3-3所示的COORD软件练习解算四参数。

2. 放样控制点

按照表3.1将6个小组的ZY点和JD点全部放样在实地上,供各小组完成圆曲线主点和细部点。

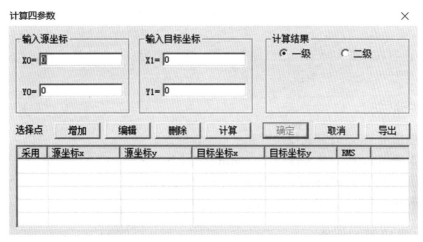

图 3-3　COORD 软件四参数解算界面示意图

3. 检查控制点

使用钢尺量取各小组 ZY 点和 JD 点的距离，检查 RTK 放样的点位精度。

六、注意事项

（1）解算四参数时，要求已知控制点务必准确，否则解算出的四参数无法使用，特别是当比例系数 K 值不在 0.9999~1.0000 范围内时，容易造成放样点位距离出现错误。

（2）在校园这样的小范围内进行 RTK 放样可以不解算四参数，用单点校正即可。本实训项目设置四参数解算是让同学们练习四参数解算方法。

任务 3.2　经纬仪极坐标法放样圆曲线

本任务内容在目前实际工作中已经不使用，主要作为一种方法检验其他放样方法得到的结果，各学校可以选择性地使用。

一、实训目的

(1)掌握使用 Excel 计算曲线要素和主点里程的方法。
(2)掌握使用 Excel 计算曲线细部点偏角值的方法。
(3)了解使用经纬仪极坐标法放样圆曲线主点的方法。
(4)了解使用经纬仪偏角法放样圆曲线细部点的方法。

二、实训仪器及设备

J2 经纬仪 1 台，三脚架 1 个，50m 钢尺 1 把，投点工具若干。

三、任务目标

(1)使用 Excel 计算出本组所对应曲线的要素、主点里程、细部点偏角值。
(2)使用经纬仪、钢尺放样出本组所对应曲线的主点和细部点。

四、实训要求

(1)各小组需要独立完成计算和放样。
(2)模拟实训两级检查一级验收制度(组内自检、组间互检、老师抽检验收)。

五、实训内容

1. 子任务 1　经纬仪极坐标法放样圆曲线主点

1)计算曲线要素表及主点里程(实训课前完成)
各组的曲线要素、主点里程均使用相同的数据，只是放样到实地的位置不同。
(1)请同学们依据表 3.5 中黑体字显示的已知数据使用计算器计算(或者自行制作 Excel 表格)四个曲线要素(切线长、曲线长、外矢距、切曲差)和三个主点(直圆点 ZY、曲中点 QZ、圆直点 YZ)里程并完成里程检核，验证表 3.5 中数据是否正确。

表 3.5　　　　　　　　　　圆曲线要素及里程计算表

圆曲线要素计算表									
转向角			转向角 α(度)	转向角 α(弧度)	半径 R	切线长 T	曲线长 L	外矢距 E	切曲差 q
度	分	秒			m	m	m	m	m
30	25	0	30.41666667	0.530870972	**200.000**	54.370	106.174	7.259	2.566

续表

圆曲线里程计算表					
JD		**3319.800**			
ZY	=JD−T	3265.430			
QZ	=ZY+L/2	3318.517			
YZ	=ZY+L	3371.604			
检查 YZ	=JD+T−q	3371.604			

（2）请同学们扫描二维码 3.1 获得表 3.5 的原始数据表格，练习使用 Excel 完成计算。

二维码 3.1　圆曲线主点要素及里程计算

注：如果实训场地面积较小，可以将曲线半径改为 100m，具体数据如表 3.6 所示。

表 3.6　　　　　　　　**圆曲线要素及里程计算表（变换半径）**

圆曲线要素计算表							
转向角			转向角 α(度)	转向角 α(弧度)	半径 R	切线长 T	曲线长 L	外矢距 E	切曲差 q
度	分	秒			m	m	m	m	m
30	25	0	30.41666667	0.530870972	**100.000**	27.185	53.087	3.629	1.283
圆曲线里程计算表							
JD				**3319.800**			
ZY	=JD−T			3292.615			
QZ	=ZY+L/2			3319.159			
YZ	=ZY+L			3345.702			
检查 YZ	=JD+T−q			3345.702			

（3）计算正确性检验。各小组完成本组圆曲线要素、主点里程、细部点偏角值的计算，组内成员完成自检，两小组之间使用 Excel 进行互检，验证计算数据是否正确，老师使用 Excel 随机进行检查。

2）完成圆曲线主点放样（实训课中完成）

各组使用经纬仪和钢尺完成圆曲线主点的放样。

(1)在各组对应的 JD 上安置经纬仪,照准 ZY 点定向配盘。
(2)拨角(180°-α)/2,在此方向上量取外矢距 E 得到 QZ 点。
(3)拨角 180°-α,在此方向上量取切线长得到 YZ 点。

2. 子任务 2　经纬仪偏角法放样圆曲线细部点

1)计算圆曲线细部点偏角值(实训课前完成)

各组的圆曲线细部点偏角均使用相同的数据,只是放样到实地的位置不同。

(1)请同学们依据表 3.7 中黑体字显示的已知数据使用计算器(或者自行制作 Excel 表格)计算圆曲线的 11 个细部点偏角值,验证表中数据是否正确。

(2)请同学们扫描二维码 3.2 获得表 3.7 的原始表格,练习使用 Excel 完成计算。

表 3.7　　　　　　　　　　圆曲线细部点偏角计算表

点号	里程	里程	各细部点到起点的弧长	偏角	偏角			各细部点到曲线起点的弦长
	m		m	m	度	度	分	秒	m
ZY	**3265.43**	K3+	265.43	0.000	0	0	0	0	0.000
1	3270	K3+	270.00	4.570	0.654604292	0	39	16	4.570
2	3280	K3+	280.00	14.570	2.086998804	2	5	13	14.567
3	3290	K3+	290.00	24.570	3.519393317	3	31	9	24.555
4	3300	K3+	300.00	34.570	4.951787829	4	57	6	34.527
5	3310	K3+	310.00	44.570	6.384182341	6	23	3	44.478
QZ	3318.517	K3+	318.52	53.087	7.604152747	7	36	14	52.931
6	3320	K3+	320.00	54.570	7.816576853	7	48	59	54.401
7	3330	K3+	330.00	64.570	9.248971366	9	14	56	64.290
8	3340	K3+	340.00	74.570	10.68136588	10	40	52	74.139
9	3350	K3+	350.00	84.570	12.11376039	12	6	49	83.941
10	3360	K3+	360.00	94.570	13.5461549	13	32	46	93.691
11	3370	K3+	370.00	104.570	14.97854941	14	58	42	103.383
YZ	3371.604	K3+	371.60	106.174	15.20830549	15	12	29	104.932

二维码 3.2　圆曲线细部点偏角值计算

2)完成圆曲线细部点点放样(实训课中完成)

各组使用经纬仪和钢尺完成圆曲线细部点的放样,建议使用短弦偏角法,长弦偏角法量距较大时不便于伸缩钢尺。

(1)在各组对应的 ZY 点上安置经纬仪,照准 JD 点定向配盘。

(2)拨角 β_1,在此方向上量取 10m 得到 1#细部点。

(3)拨角 β_2,钢尺起点固定在 1#细部点,另一人将钢尺 10m 处置于视线方向上,交会得到 2#细部点。

(4)用相同的方法依次放样出 3#,4#,…,11#细部点。

(5)再分别拨角 $\alpha/4$、$\alpha/2$,量取 52.931m 和 104.932m 得到 QZ 点,与主点放样阶段得到的点位进行验证。

3)检查细部点放样结果

(1)小组自检:各小组完成本组曲线主点放样、细部点放样,先完成组内自检(可使用点间的坐标反算距离,现场用钢尺检查)。

(2)组间互检:各小组间互相检查对方放样的细部点间的距离是否正确,也可检查本组点位和对方点位间的距离,这些数据都可以从图 3-1 中获取。

(3)老师抽检:老师采用一台 RTK 抽检各小组细部点放样结果(老师事先从图 3-1 中提取所有主点坐标,直接输入对应点的坐标放样检查学生的放样精度)。

六、拓展训练

偏角法计算比较复杂,请同学们思考还有什么别的办法能算出各细部点的偏角,比如使用 CAD 绘制图形,使用命令能否求出各细部点的偏角,请尝试解决。

任务 3.3　全站仪坐标法放样圆曲线

一、实训目的

(1) 掌握使用 Excel 计算曲线细部点坐标的方法。
(2) 掌握使用全站仪放样曲线细部点的方法。

二、实训仪器及设备

全站仪 1 台,三脚架 1 副,棱镜杆 1 副,投点工具若干。

三、任务目标

(1) 使用 Excel 计算出本组所对应曲线的细部点坐标。
(2) 使用全站仪放样出本组所对应曲线的细部点。

四、实训要求

(1) 各小组需要独立完成计算和放样。
(2) 模拟实训两级检查一级验收制度(组内自检、组间互检、老师抽检验收)。

五、实训步骤

1. 计算圆曲线细部点坐标值(实训课前完成)

各组的圆曲线细部点坐标均使用不同的数据,放样到实地的位置不同,但弧线全部平行。

(1) 请同学们依据表 3.8 黑体字显示的已知数据使用计算器(或者自行制作 Excel 表格)计算圆曲线的 11 个细部点坐标,验证表中数据是否正确。
(2) 请同学们扫描二维码 3.3 获得表 3.8 的原始表格,练习使用 Excel 完成计算。

表 3.8　　　　　　　　　　圆曲线细部点坐标计算表

点号	里程 m	细部点至 ZY 点距离(m)	独立坐标		线路坐标	
			X_i(m)	Y_i(m)	X_i(m)	Y_i(m)
ZY	**3265.43**	0	0.000	0.000	4635960.209	550486.537
1	3270	4.57	4.570	0.052	4635962.113	550490.691
2	3280	14.57	14.557	0.530	4635965.944	550504.082
3	3290	24.57	24.508	1.507	4635969.309	550526.888
4	3300	34.57	34.398	2.980	4635972.200	550559.266

续表

点号	里程 m	细部点至ZY点距离(m)	独立坐标		线路坐标	
			X_i(m)	Y_i(m)	X_i(m)	Y_i(m)
5	3310	44.57	44.202	4.946	4635974.608	550601.348
QZ	3318.517	53.087	52.466	7.004	4635976.275	550651.782
6	3320	54.57	53.895	7.399	4635976.528	550703.678
7	3330	64.57	63.454	10.333	4635977.956	550765.470
8	3340	74.57	72.854	13.741	4635978.887	550837.217
9	3350	84.57	82.072	17.615	4635979.319	550918.954
10	3360	94.57	91.085	21.945	4635979.252	551010.690
11	3370	104.57	99.871	26.720	4635978.685	551112.409
YZ	3371.604	106.174	101.257	27.527	4635978.548	551215.726
备注	独立坐标系和线路坐标系夹角					
	64.72667774(十进制度数)		1.129693621(弧度数)			

二维码3.3 圆曲线细部点坐标值计算

2. 使用全站仪完成圆曲线细部点点放样(实训课中完成)

各组使用全站仪和棱镜完成圆曲线细部点的放样。
(1)在任意已知坐标的点上安置全站仪完成测站设置和后视定向。
(2)输入1#细部点的坐标并完成放样。
(3)用相同的方法依次放样出2#,3#,…,11#细部点。
(4)再放样出ZY、QZ、YZ点的位置,与主点放样阶段放样的位置进行比较。

3. 检查细部点放样结果

(1)组内自检:自己用经纬仪、全站仪的结果互相检查。
(2)小组互检:各小组之间互相用全站仪检查对方的一个细部点。
(3)老师抽检:使用RTK抽查每组中各一个细部点。

4. 检查细部点放样结果记录表格

1)完成小组互检记录表3.9

表3.9 小组互检记录表

检查者所在小组组号		检查对方小组组号		检查对方点位(点号)	
检查者姓名		检查使用仪器及型号		检查使用仪器精度描述	
检查方法描述					
检查结果描述					
检查结论					

2)完成老师抽检记录表3.10

表3.10 老师抽检记录表

检查日期		检查学生小组组号		检查点位（点号）	
教师签字		检查使用仪器及型号		检查使用仪器精度描述	
检查方法描述					
检查结果描述					
检查结论					

六、拓展训练

表3.8中由独立坐标到线路坐标是怎么转换的？

任务 3.4　RTK 坐标法放样圆曲线

一、实训目的

(1)掌握使用 Excel 计算曲线细部点坐标的方法。
(2)掌握使用 RTK 放样曲线细部点的方法。

二、实训仪器及设备

(1)共用设备：RTK 基准站 1 台，若使用 CORS 信号则可不架设基站。
(2)小组设备：RTK 流动站及手簿 1 套，投点工具若干。

三、任务目标

(1)使用 Excel 计算出本组所对应曲线的细部点坐标。
(2)使用 RTK 放样出本组所对应曲线的细部点。

四、实训要求

(1)各小组需要独立完成计算和放样。
(2)模拟实训两级检查一级验收制度(组内自检、组间互检、老师抽检验收)。

五、实训步骤

1. 提取圆曲线细部点坐标(实训课前完成)

前面已经练习了使用计算器和 Excel 完成曲线细部点偏角值计算，本实训环节练习使用 CASS 软件提取曲线上各细部点的坐标。

使用 CAD 命令绘制如图 3-4 所示的曲线细部点放样示意图，使用 CASS 软件"工程应

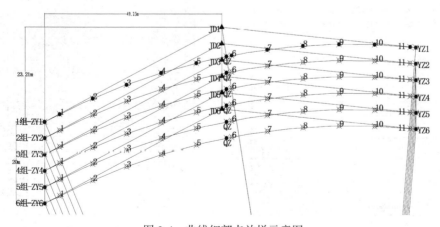

图 3-4　曲线细部点放样示意图

用"菜单下的"指定点生成数据文件功能",依次提取各个细部点的坐标,生成 *.dat 格式坐标数据文件。

扫描二维码 3.4,下载对应的图纸,完成坐标提取。

二维码 3.4　圆曲线细部点坐标值提取用图

2. 将放样数据文件传输到 RTK 手簿中(实训课前完成)

取下 RTK 手簿中的 SD 卡,将前面提取得到的 *.dat 格式坐标数据文件传输到手簿的内存中,以便在放样时使用。

3. 使用 RTK 完成圆曲线细部点点放样(实训课中完成)

各组使用 RTK 流动站完成圆曲线细部点的放样。

(1)架设一台基准站,各组启动流动站和手簿连接移动站蓝牙,设置电台通道,直到手簿中得到固定解。若使用 CORS 信号,则略去此步。

(2)新建工程,选择坐标系统,设置中央子午线等。

(3)各组采集本组 ZY 点和 QZ 点的 WGS-84 坐标,使用四参数解算软件完成四参数的解算,大部分的 RTK 手簿软件都有四参数解算功能,要求解算处理的四参数的比例因子 k 位于 0.9999~1.0000,如图 3-5 和图 3-6 所示。

图 3-5　录入控制点　　　　图 3-6　四参数解算结果

(4)再到任意一个控制点上使用点测量功能采集坐标,检查是否正确。

(5)在点放样功能下导入放样点坐标数据文件。

(6)在点放样界面下调出 1#细部点的坐标并完成放样。如图 3-7 所示。

放样界面显示了当前点(⊗)与放样点(✖)之间的距离为 0.566m,向北 0.566m,向东 0.004m,根据提示进行移动放样。

在放样过程中,当前点移动到离目标点 1m 的距离以内时(提示范围的距离可以点击"选项"按钮进入点放样选项里面对相关参数进行设置),软件会进入局部精确放样界面,同时软件会给控制器发出声音提示指令,控制器会有"嘟"的一声长鸣音提示,点击"选项"按钮,出现如图 3-8 所示"点放样选项"界面,可以根据需要选择或输入相关的参数。

如果放样点多的话,建议"所有放样点"选项选择"不显示"。

图 3-7　工程之星点放样界面示意图

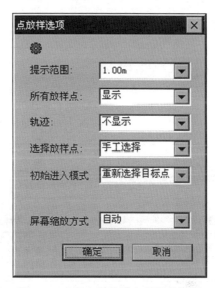
图 3-8　工程之星放样点的提示设置

有时候在放样中一片区域内会有很多的点需要放样,这个时候自动选择离我们所处的地方最近的点就显得很方便了,可以通过"选择放样点"选项里的"自动选择最近点"来实现。

在放样界面下还可以同时进行测量,按下保存键 A 按钮即可以存储当前点坐标。

在点位放样时选择与当前点相连的点放样时,可以不用进入放样点库,点击"上点"或"下点",根据提示选择即可。

(7)用相同的方法依次放样出 2#、3#、…、11#。

(8)再放样出 ZY 点、QZ 点、YZ 点的位置,和主点放样阶段放样的位置进行比较。

4. 检查细部点放样结果

(1)组内自检:用经纬仪、全站仪、RTK 的结果互相检查。

(2)小组互检:各小组之间互相用 RTK 检查一个对方的细部点。

（3）老师抽检：使用 RTK 抽查每组中各个细部点。

5. 检查细部点放样结果记录表格

1）完成小组互检记录表 3.11。

表 3.11 小组互检记录表

检查者所在小组组号		检查对方小组组号		检查对方点位(点号)	
检查者姓名		检查使用仪器及型号		检查使用仪器精度描述	
检查方法描述					
检查结果描述					
检查结论					

2）完成老师抽检记录表 3.12。

表 3.12 老师抽检记录表

检查日期		检查学生小组组号		检查点位（点号）	
教师签字		检查使用仪器及型号		检查使用仪器精度描述	
检查方法描述					
检查结果描述					
检查结论					

任务3.5 水准仪放样竖曲线

本内容在目前实际工作中大部分使用RTK完成,但在精度较高的道路工程中要求使用水准仪完成竖曲线放样,特别是在路面施工阶段。

一、实训目的

(1)掌握使用Excel计算竖曲线要素的方法。
(2)掌握使用Excel计算竖曲线细部点里程和高程的方法。
(3)掌握使用水准仪放样竖曲线各细部点高程的方法。

二、实训仪器及设备

S3经纬仪1台,三脚架1副,水准尺1对,尺垫1对,投点工具若干。

三、任务目标

(1)使用Excel计算出本组所对应竖曲线的要素、主点里程、细部点高程。
(2)使用水准仪和水准尺放样出本组所对应竖曲线的细部点的高程。

四、实训要求

(1)各小组需要独立完成计算和放样。
(2)模拟实训两级检查一级验收制度(组内自检、组间互检、老师抽检验收)。

五、实训步骤

1. 计算竖曲线要素及细部点高程(实训课前完成)

(1)计算竖曲线要素。
各组的圆曲线细部点偏角均使用相同的数据,只是放样到实地的位置不同。
请同学们依据表3.13中黑体字显示的已知数据使用计算器(或自行设计Excel表格)计算竖曲线的要素,验证表中数据是否正确。

表3.13 竖曲线要素计算表

i_1	i_2	R	$H_{变}$	$K_{变}$	切线长	曲线长	外矢距
3.5	**−2**	**2000**	**66.45**	**3330**	m	m	m
					55	110.000	0.756

(2)计算竖曲线上各细部点的里程和高程。
请同学们依据表3.14中黑体字显示的已知数据使用计算器(或自行设计Excel表格)

计算竖曲线的细部点里程和高程，验证表中数据是否正确。

表 3.14 竖曲线细部点高程计算表

点号	里程	L_i	$T-L_i$	坡段高程	y_i	竖曲线高程
	m	m	m	m	m	m
起点	**3265**	0	55	64.525	0.000	64.525
	3270	5	50	64.700	0.006	64.694
	3275	10	45	64.875	0.025	64.850
	3280	15	40	65.050	0.056	64.994
	3285	20	35	65.225	0.100	65.125
	3290	25	30	65.400	0.156	65.244
	3295	30	25	65.575	0.225	65.350
	3300	35	20	65.750	0.306	65.444
	3305	40	15	65.925	0.400	65.525
	3310	45	10	66.100	0.506	65.594
	3315	50	5	66.275	0.625	65.650
变坡点	**3320**	55	0	66.450	0.756	65.694
	3325	50	5	66.350	0.625	65.725
	3330	45	10	66.250	0.506	65.744
	3335	40	15	66.150	0.400	65.750
	3340	35	20	66.050	0.306	65.744
	3345	30	25	65.950	0.225	65.725
	3350	25	30	65.850	0.156	65.694
	3355	20	35	65.750	0.100	65.650
	3360	15	40	65.650	0.056	65.594
	3365	10	45	65.550	0.025	65.525
	3370	5	50	65.450	0.006	65.444
终点	**3375**	0	55	65.350	0.000	65.350

(3)请同学们扫描二维码 3.5 获得表 3.14 的原始表格,练习使用 Excel 完成计算。

二维码 3.5　竖曲线计算表格

2. 使用水准仪完成曲线上各点高程放样(实训课中完成)

(1)已知:变坡点里程 $K_{变}$、变坡点高程 $H_{变}$、变坡点两侧坡度 i_1 和 i_2、竖曲线半径 R。

(2)计算竖曲线要素:切线长 $T = \dfrac{R(i_1 - i_2)}{2}$,曲线长 $L = 2T$,外矢距 $E = \dfrac{T^2}{2R}$。

(3)推算竖曲线上各点的里程桩号。$K_{起点} = K_{变} - T$,$K_{终点} = K_{变} + T$。

(4)根据竖曲线上各细部点至曲线起点(或终点)的弧长 x,求相应的 y 值。$y_i = \dfrac{x_i^2}{2R}$。

(5)求竖曲线上各点的坡道高程 $H_{坡}$。$H_{坡} = H_{变} \pm (T - x)i$,若细部点在变坡点下方则取减号,反之取加号。

(6)求竖曲线上各点的设计高程 $H_{设}$。$H_{设} = H_{坡} \pm y_i$,当竖曲线为凸形竖曲线则取减号,反之取加号。

(7)从变坡点向前和向后各量取切线长 T,得曲线起点和终点。

(8)从竖曲线起点(或终点)起,沿切线方向每隔固定距离(如 5m、10m)设置竖曲线桩。

(9)测设竖曲线上各细部点处的竖曲线桩的高程,在木桩上标注地面实际高程与设计高程之差,即为该点处的填挖高度。

3. 检查细部点放样结果

(1)组内自检:自己用水准仪检查。
(2)小组互检:各小组之间互相检查一个对方的细部点高程。
(3)老师抽检:使用水准仪抽查每组中各一个细部点高程。

任务 3.6　数据补充

前述实训内容各小组都使用的是相同的数据，如果想让各组使用不同的数据，可以考虑各组使用相同的圆曲线中心，使用不同的圆曲线半径，这样各组的放样数据和结果就都不相同，各组都需要完成计算和放样。以下为各组数据计算示例。

一、实训内容

(1) 圆曲线四个要素：切线长、曲线长、外矢距、切曲差。
(2) 圆曲线三个主点里程：直圆点、曲中点、圆直点。
(3) 圆曲线细部点直角坐标的计算，细部点间距要求 5m 一个点。
(4) 使用 RTK 在实地上放样出曲线细部点，各组互相检查是否正确。

二、实训数据

1. 圆曲线设计已知数据

向各小组下发圆曲线设计已知数据，如表 3.15 所示。

表 3.15　圆曲线设计已知数据

组号	半径(m)	转向角	交点里程	ZY 点至 JD 点的方位角	细部点间距
1	81.542				
2	79.742				
3	77.942	41°07′25″	DK11+254.38	38°16′58″	5m
4	76.142				
5	74.342				
6	72.542				

2. 圆曲线细部点坐标起算数据

向各小组下发圆曲线细部点坐标起算数据，如表 3.16 所示。

表 3.16　　　　　　　　　　圆曲线细部点坐标起算数据

组号	半径(m)	直圆点坐标		交点坐标	
		X(m)	Y(m)	X(m)	Y(m)
1	81.542	4649099.496	556542.678	4649123.506	556561.628
2	79.742	4649098.381	556544.091	4649121.861	556562.622
3	77.942	4649097.266	556545.503	4649120.216	556563.617
4	76.142	4649096.151	556546.916	4649118.571	556564.612
5	74.342	4649095.036	556548.329	4649116.926	556565.606
6	72.542	4649093.921	556549.742	4649115.280	556566.601

3. 各小组曲线要素计算结果

各小组曲线要素计算结果如表 3.17 所示。

表 3.17　　　　　　　　　　各组曲线要素计算结果

组号	半径	切线长	曲线长	外矢距	切曲差
	m	m	m	m	m
1 组	81.542	30.588	58.526	5.548	2.649
2 组	79.742	29.912	57.234	5.426	2.591
3 组	77.942	29.237	55.942	5.303	2.532
4 组	76.142	28.562	54.650	5.181	2.474
5 组	74.342	27.887	53.358	5.058	2.415
6 组	72.542	27.212	52.066	4.936	2.357

4. 曲线主点里程计算结果

各小组曲线主点里程计算结果如表 3.18 所示。

表 3.18　　　　　　　　　　各组曲线主点里程计算结果

组号	1 组	2 组	3 组	4 组	5 组	6 组
ZY 点里程	11223.792	11224.468	11225.143	11225.818	11226.493	11227.168
QZ 点里程	11253.055	11253.085	11253.114	11253.143	11253.172	11253.202
YZ 点里程	11282.319	11281.702	11281.085	11280.468	11279.852	11279.235

5. 圆曲线放样细部点坐标

各小组计算圆曲线放样细部点坐标如表 3.19 所示。

表 3.19　　　　　　　　　　圆曲线放样细部点坐标(6 个组)

细部点点号	1组		2组		3组	
	X 坐标(m)	Y 坐标(m)	X 坐标(m)	Y 坐标(m)	X 坐标(m)	Y 坐标(m)
1#	4649099.496	556542.678	4649098.381	556544.091	4649097.266	556545.503
2#	4649100.438	556543.433	4649098.797	556544.422	4649100.982	556548.629
3#	4649104.218	556546.706	4649102.601	556547.666	4649104.597	556552.082
4#	4649107.789	556550.203	4649106.194	556551.142	4649107.983	556555.760
5#	4649111.140	556553.914	4649109.562	556554.837	4649111.126	556559.647
6#	4649114.257	556557.822	4649112.692	556558.735	4649114.014	556563.728
7#	4649117.129	556561.914	4649115.571	556562.821	4649115.678	556566.360
8#	4649118.758	556564.498	4649117.218	556565.430	4649116.634	556567.986
9#	4649119.744	556566.175	4649118.189	556567.081	4649118.976	556572.403
10#	4649122.094	556570.587	4649120.535	556571.495	4649121.029	556576.961
11#	4649124.169	556575.136	4649122.599	556576.048	4649122.787	556581.641
12#	4649125.961	556579.803	4649124.374	556580.722	4649124.241	556586.424
13#	4649127.464	556584.571	4649125.853	556585.498	4649125.385	556591.291
14#	4649128.672	556589.423	4649127.030	556590.357	4649125.592	556592.356
15#	4649129.131	556591.696	4649127.361	556592.026		
细部点点号	4组		5组		6组	
	X 坐标(m)	Y 坐标(m)	X 坐标(m)	Y 坐标(m)	X 坐标(m)	Y 坐标(m)
1#	4649096.151	556546.916	4649095.036	556548.329	4649093.921	556549.742
2#	4649099.361	556549.596	4649097.737	556550.566	4649096.109	556551.539
3#	4649102.998	556553.025	4649101.398	556553.970	4649099.795	556554.916
4#	4649106.403	556556.685	4649104.822	556557.612	4649103.240	556558.539
5#	4649109.560	556560.561	4649107.994	556561.476	4649106.427	556562.391
6#	4649112.456	556564.636	4649110.899	556565.544	4649109.341	556566.452
7#	4649114.137	556567.292	4649112.597	556568.223	4649111.058	556569.155
8#	4649115.079	556568.892	4649113.524	556569.799	4649111.969	556570.705
9#	4649117.416	556573.311	4649115.857	556574.220	4649114.297	556575.129
10#	4649119.459	556577.874	4649117.887	556578.788	4649116.315	556579.702
11#	4649121.198	556582.561	4649119.607	556583.482	4649118.014	556584.404
12#	4649122.625	556587.353	4649121.007	556588.282	4649119.385	556589.212
13#	4649123.735	556592.227	4649122.054	556593.019	4649120.285	556593.350
14#	4649123.823	556592.687				
15#						

6. 各放样小组曲线设计原图

各放样小组曲线整体布置图如图 3-9 所示，曲线细部点位置图如图 3-10 所示。

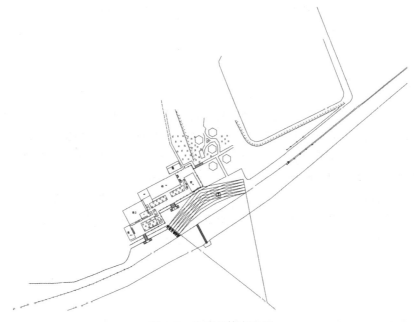

图 3-9 曲线整体布置图

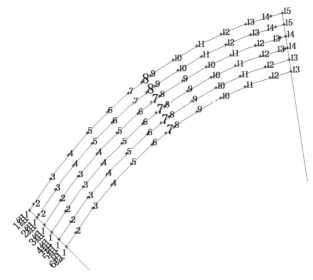

图 3-10 曲线细部点位置图

实训项目 4　断面测量及其绘图

一、实训项目简介

断面测量是线路工程施工测量中的一项重要内容，纵横断面图是进行线路竖向设计和工程土石方量预算造价的基础性资料。本项目单元主要训练四种断面测量方法：水准仪间视法纵断面测量、经纬仪视距法横断面测量、全站仪坐标法纵横断面测量、RTK 坐标法纵横断面测量。再训练四种断面图的绘制方法：使用断面里程文件绘制断面图、使用坐标数据文件绘制断面图、使用三角网或等高线绘制断面图、使用带状地形图生成断面图。

本项目中包含了水准仪间视法纵断面测量和经纬仪视距法横断面测量，这两种方法目前在实际工作中已很少使用，但作为线路断面测量的传统方法，同学们可以了解一下，对比学习几种断面测量方法的优缺点。

目前规模较小的断面测量主要使用全站仪或 RTK 外业采集法，规模较大的断面测量则采用倾斜摄影测量方法得到带状地形图后生成断面图。

本实训项目外业数据采集可安排连续四学时完成，内业绘图处理可安排连续四学时完成，可直接安排理实一体化教学。

二、实训目的

理解线路工程断面测量的主要知识，包括纵横断面测量方法、断面点采集密度要求、断面测量精度要求、纵横断面图比例尺的选择、断面图绘制方法、断面里程文件、坐标数据文件、同一断面两期数据绘图即断面盖顶等。

掌握使用水准仪、经纬仪、全站仪、RTK 四种设备完成线路纵横断面测量，使用断面里程文件、坐标数据文件、三角网或等高线、带状地形图绘制断面图的方法。

三、实训任务

(1) 水准仪间视法纵断面测量。
(2) 经纬仪视距法横断面测量。
(3) 全站仪坐标法纵横断面测量。
(4) RTK 坐标法纵横断面测量。
(5) 使用断面里程文件绘制断面图。
(6) 使用坐标数据文件绘制断面图。
(7) 使用三角网或等高线绘制断面图。
(8) 使用带状地形图生成断面图。

四、实训设备

(1) 共用设备：RTK 基准站 1 台，若使用 CORS 信号则可不架设基站。

(2) 小组设备：S3、S1 水准仪各 1 台、J2 经纬仪 1 台、全站仪 1 台、RTK 流动站及手簿 1 套、三脚架 1 副、全站仪棱镜杆 1 副、100m 测绳 1 根(或者皮尺)、记号笔 1 支、草图本 1 个、投点工具若干。

(3) 投点工具：土质场地用 20cm 小木桩或 10cm 大铁钉(用完回收)。

五、实训场地要求

在校园内找到一条长约 300m 以上(可拐弯)，宽约 20m 以上的带状场地，最好是沿着某条道路或水渠，各实验小组沿着线路完成实训。

六、实训场地控制点布设

控制点布设情况如图 4-1 所示，在选择好的带状场地上设置 6 个控制点，其坐标和高程均已知。AE 和 BF 分别为水渠两侧堤顶的两条纵断面线，用来进行纵断面测量，其次在渠道上每隔 10m 测量一个横断面。使用 RTK 之前用 4 个点(如 A、C、D、F)解算七参数。

6 个控制点坐标(X、Y、H)最好使用静态 GPS 控制网布设，高程使用 S1 水准仪按三等水准测量要求做完，以使同学们布设四等水准路线进行中平测量，同时使用 RTK 采集控制点坐标并完成七参数的解算。

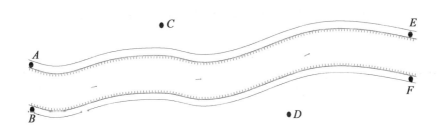

图 4-1 纵横断面测量实训场地控制点布设示意图

任务4.1　水准仪间视法纵断面测量

一、实训目的

(1)掌握利用水准仪间视法进行纵断面测量的基本思想和方法。
(2)掌握纵断面测量中断面点的采点密度、立尺位置的选择方法。
(3)掌握间视法纵断面测量的外业观测、记录计算、资料整理。

二、实训仪器及设备

DS3水准仪1台、三脚架1个、水准尺2根、尺垫2个、纵断面测量记录纸若干，自备铅笔、小刀、记录板等。

三、任务目标

(1)水准仪间视法纵断面测量。
(2)纵断面测量内业数据整理。

四、实训要求

(1)每名同学独立完成一个测站的测量。
(2)根据《工程测量规范》(GB 50026—2007)、《公路勘测规范》(JTG C10—2007)中的规定，结合本次实训任务，确定水准仪间视法纵断面测量精度限差符合表4.1。

表4.1　　　　　　　　　　　　　中桩高程测量精度

公路等级	闭合差(mm)	两次测量之差(cm)
高速公路，一、二级公路	≤30$\sqrt{L}$	≤5
三级及三级以下公路	≤50$\sqrt{L}$	≤10

注：L为高程测量的路线长度(km)。

(3)实训数据要按照格式书写，记录清晰。
(4)每组提交一份合格的实训成果。

五、实训步骤

1. 高程工程测量(基平测量)

(1)水准点的布设。根据实训场地大小选一条合适的路线(最好是有一定高低起伏的路线），如图 4-2 中的 AE 路线，沿线路每 100m 左右在线路某一侧布设水准点（如 BM1、BM2、BM3），用木桩标定或选在固定地物上用油漆标记，并注明里程（K1+125.3 的形式）。

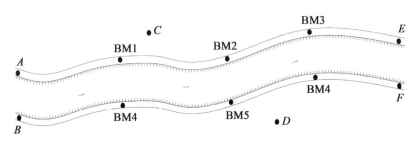

图 4-2　水准路线布设示意图

(2) 四等水准施测。用 DS3 自动安平水准仪按四等水准测量要求，进行往返观测或单程双仪器高法测量水准点之间的高差，并求得各个水准点的高程。注意检核四项测站限差（视距差、视距差累积值、K+黑-红、黑红面高差之差），四等水准记录表格见表 4.3。

(3) 测量精度要求。每组往返观测或单程双观测高差不符值 $f_h = \pm 20\sqrt{L}$ mm（式中 L 为路线长度，以 km 为单位）。

2. 中桩高程测量（中平测量）

(1) 在路线和已知水准点附近安置水准仪，后视已知水准点（如 BM1），读取后视读数至毫米并记录于表 4.4，计算仪器视线高程（仪器视线高程=后视点高程+后视读数）。

(2) 沿着线路方向前进，根据坡度变化点选择各间视点，分别在各间视点处立尺，读取相应的标尺读数（称间视读数）至厘米，记录各间视点桩号和其相应的标尺读数，计算各中桩的高程（间视点高程=本站仪器视线高程-各间视点中丝读数）。

(3) 当中桩距仪器较远或高差较大，无法继续测定其他中桩高程时，可在适当位置选定转点，如 ZD1，用尺垫或固定点标志，在转点上立尺，读取前视读数，计算前视点即转点的高程（转点的高程=仪器视线高程-前视读数）。

(4) 将仪器移到下一站，重复上述步骤，后视转点 ZD1，读取新的后视读数，计算新一站的仪器视线高程，测量其他中桩的高程。

(5) 依此方法继续施测，直至附合到另一个已知高程点（如 BM2）上。

(6) 计算闭合差 f_h，当 $f_h \leq \pm 50\sqrt{L}$ mm（式中 L 为相应测段路线长度，以千米计）时，则成果合格，且不分配闭合差。

(7) 依此法完成整个路线中桩高程测量。

六、注意事项

(1)水准点要设置在点位稳定、便于保存、方便施测的地方。

(2)施测前需抄写各中桩桩号,以免漏测。施测中立尺员要报告桩号,以便核对。

(3)转点设置必须牢靠,若有碰动或改变,一定要重测。

(4)个别中桩点因过低,无法读取间视读数时,可以将尺子抬高一段距离后读数,量取抬高的距离值,加到间视读数中,但此种情况不宜过多。

(5)中桩高程测量应起闭于路线高程控制点上,高程测至桩标志处的地面。

(6)水准仪应进行检核,视准轴误差(i角误差)应小于20″。

七、计算实例

如图4-3所示,要测量某段线路的纵断面,场地现有两个已知水准点BM4和BM6,高程分别为66.525m和66.249m,现要求使用水准仪间视法测量大约1km长的线路纵断面图。

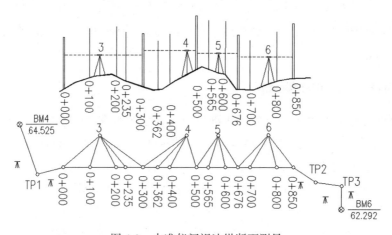

图4-3 水准仪间视法纵断面测量

(1)如图4-3所示,粗线表示的是自然地表面,BM4和BM6为两个已知水准点,现欲在选定的路线K0+000和K0+850之间进行纵断面测量,从BM4开始,按照普通水准测量的方法经过转点TP1测量两站到线路起点K0+000桩上。

(2)将水准仪安置于3号测站上,后视K0+000,间视K0+100、K0+200、K0+235,再前视K0+300,完成第3站,依次完成以后各站,最终附合到已知水准点BM6上。

(3)如表4.2所示为本次间视法水准测量的记录表,使用如下公式完成计算:

视线高=后视点高程+后视尺读数

前视点高程=视线高−前视点读数

间视点高程=视线高−间视点读数

（4）将推算出的 BM6 的高程和已知高程进行对比，计算差值，检查中平测量是否达到了 $f_h = \pm 50\sqrt{L}$ mm 的精度要求。

（5）实际工作中间视点高程通常读数至厘米位即可。而转点起着传递高程的作用，应该读数至毫米位。

表 4.2　　　　　　　　　　　　间视法水准测量记录表

点号	后视(m)	视线高程(m)	间视点(m)	前视(m)	高程(m)
BM4	1.547	66.072			64.525(已知)
TP1	1.346	66.192		1.226	64.846
0+000	2.546	67.34		1.398	64.794
0+100			1.879		65.461
0+200			1.352		65.988
0+235			1.726		65.614
0+300	2.429	67.457		2.312	65.028
0+362			2.752		64.705
0+400			2.549		64.908
0+500	0.895	66.889		1.463	65.994
0+565			0.652		66.237
0+600			1.398		65.491
0+676	2.002	67.045		1.846	65.043
0+700			2.365		64.680
0+800			1.985		65.060
0+850	1.235	67.622		0.658	66.387
TP2	1.329	67.269		1.682	65.940
TP3	1.625	67.407		1.487	65.782
BM6				1.158	66.249(推算)

检核：$f_h = 66.249(推算) - 66.278(已知) = -0.029$ m

$f_{h允} = \pm 50\sqrt{L} = \pm 50\sqrt{1.154} = 0.054$ m，达到了中平测量精度要求。

八、记录表格

表 4.3　　　　　　　　　　　基本测量记录表(四等水准测量)

测站	后尺 上丝 / 下丝 / 后视距(m) / 视距差 d(m)	前尺 上丝 / 下丝 / 前视距(m) / $\sum d$(m)	方向及尺号	标尺读数 黑面	标尺读数 红面	K+黑-红 (mm)	高差中数 (m)	备注
			后					$K_{后}=$
			前					
			后-前					$K_{前}=$
			后					$K_{后}=$
			前					
			后-前					$K_{前}=$
			后					$K_{后}=$
			前					
			后-前					$K_{前}=$
			后					$K_{后}=$
			前					
			后-前					$K_{前}=$
			后					$K_{后}=$
			前					
			后-前					$K_{前}=$
			后					$K_{后}=$
			前					
			后-前					$K_{前}=$
			后					$K_{后}=$
			前					
			后-前					$K_{前}=$

表 4.4　　　　　　　　　　中平测量记录表（间视法水准测量）

点号	后视（m）	视线高程（m）	中间点（m）	前视（m）	高程（m）

检核：

九、实操考核标准

纵断面测量考核标准见表4.5。

表4.5　　　　　　　　　　　纵断面测量考核标准

考核项目	考核内容及要求	分值	评价标准	得分
水准仪间视法纵断面测量	纵断面线的选择	5	能否按照线路工程选择合理的纵断面线	
	纵断面特征点的选择	5	能否按照比例尺要求合理地选择纵断面特征点,能否准确合理地选择立尺位置	
	仪器架设位置的选择	10	能否按照断面测量实际地形情况,选择合理的测站,让一测站尽可能观测多个断面点	
	转点位置的选择	10	能否选择合理的转点,转点上是否安置尺垫并放稳踩实	
	水准尺的竖立	10	能否正确地竖立水准尺从而使其达到必要精度	
	断面图比例尺的选择	10	能否按照断面测量实际里程和打印图纸大小要求,选择合理的比例尺	
	能否正确完成外业测量记录	10	能否事先绘制水准仪间视法测量的外业记录表格,测量过程中能否准确记录	
	能否正确完成外业测量计算	20	能否按照视线高法的原理,计算每一测站的视线高,每个转点的高程及每个间视点的高程	
	数据能否正确取位	10	转点高程取毫米位、间视点高程取厘米位	
	整条线路能否达到限差	10	路线应布设成附合路线或闭合路线,高差闭合差应该满足普通水准测量要求	
	满分	100	总得分	

任务4.2 经纬仪视距法横断面测量

一、实训目的

(1)掌握经纬仪视距法的基本思想和方法。
(2)掌握横断面测量中采点密度、立尺位置的选择方法。
(3)掌握视距法横断面测量的外业观测、记录计算、资料整理。

二、实训仪器及设备

DJ6经纬仪1台、三脚架1个、水准尺1对、记录纸若干,自备铅笔、小刀、记录板等。

三、任务目标

(1)使用经纬仪完成横断面测量。
(2)正确完成内业数据整理计算。
(3)使用Excel绘制横断面图。

四、实训要求

(1)每名同学独立完成一个横断面的测量工作。
(2)根据《工程测量规范》(GB 50026—2007)、《公路勘测规范》(JTG C10—2007)中的规定,结合本次实训任务,确定经纬仪视距法横断面测量精度限差应符合表4.6。

表4.6　　　　　　　　　　　横断面检测互差限差

公路等级	距离(m)	高差(m)
高速公路,一、二级公路	$\leqslant L/100+0.1$	$\leqslant h/100+L/200+0.1$
三级及三级以下公路	$\leqslant L/50+0.1$	$\leqslant h/50+L/100+0.1$

注:①L为测点至中桩的水平距离(m);
②h为测点至中桩的高差(m)。

(3)实训数据要按照格式书写,记录清晰。
(4)每组提交一份合格的实训成果。

五、实训步骤

(1)如图4-4所示,在线路的某个里程桩上(如图中的断面K0+000处)安置经纬仪,量取仪器高i,照准另一个相邻纵断面里程桩定向,水平旋转90度,得到横断面方向。

(2)在横断面方向各个地形特征点处依次竖立水准尺,依次读取上丝读数、下丝读数、中丝读数、天顶距。断面特征点是指地形有明显变化的地方,或者和其他地物的交界处。如果一站无法测完,则需要搬站,如图4-4中搬到了右岸的公路边上。

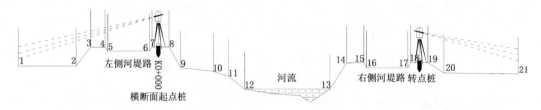

图4-4 经纬仪视距法测量横断面

(3)用如下公式计算各横断面点的起点距及高程。

平距:$D = Kl(\sin Z)^2 = Kl(\cos\alpha)^2$;

高差:$\Delta h = D/\tan Z + i - v = D\tan\alpha + i - v$;

高程:$H_{断} = H_{站} + \Delta h$。

式中,D 为平距,K 为视距乘常数(通常为100),l 为上下丝读数差(以米为单位),Z 为天顶距,α 为竖直角,Δh 为测站点和断面点间的高差,i 为仪器高,v 为中丝读数,$H_{断}$ 为断面点高程,$H_{站}$ 为测站点高差。

(4)使用以上公式完成表格计算,如表4.7所示。

表4.7 经纬仪视距法横断面测量计算

点号	距离(m)			竖直角		中丝读数	高差	高程
	视距	平距	左起点距	°	′	m	m	m
K0+000			65.1	$i=$	1.72			**158.9**
左1	65.1	63.1	0.0	93	6	2.5	-3.4	154.7
2	40.6	37.1	26.0	95	10	2.5	-3.4	154.7
3	31.6	30.6	32.5	90	45	1.5	-0.4	158.7
4	25.4	24.0	39.1	90	35	1.5	-0.2	158.8
5	24.8	22.8	40.3	91	30	1.5	-0.6	158.5
6	10.8	4.1	59.0	98	50	1.5	-0.6	158.4
7	8.6	2.8	60.3	92	12	1.5	-0.1	159.0
右8	9.4	4.9	68.0	91	12	1.5	-0.1	159.0

续表

点号	距离(m)			竖直角		中丝读数	高差	高程
	视距	平距	左起点距	°	′	m	m	m
9	20.0	10.1	73.2	115	43	1.5	-4.9	154.2
10	31.2	24.9	88.0	101	42	1.5	-5.2	153.9
11	38.1	31.8	94.9	102	10	1.5	-6.9	152.2
12	47.2	39.0	102.1	102	38	1.5	-8.7	150.3
13	81.4	76.8	139.9	96	30	1.5	-8.8	150.3
14	85.6	84.3	147.4	92	5	1.5	-3.1	156.0
15	93.1	91.9	155.0	91	55	1.5	-3.1	156.0
16	94.7	93.1	156.2	92	2	1.5	-3.3	155.8
17	112.9	111.6	174.7	91	44	1.5	-3.4	155.7
18	113.8	112.8	175.9	91	30	1.5	-3.0	156.1
ZD	117.8	116.7	179.8	91	25	1.5	-2.9	156.2
ZD				$i=$	1.46			
19	14.0	14.0	193.8	90	10	1.5	0.0	156.1
20	21.0	21.0	200.8	96	9	1.5	-2.3	153.9
21	28.0	28.0	207.8	94	34	1.5	-2.2	153.9

六、注意事项

(1)领取完经纬仪后,要对经纬仪进行检核,J6仪器竖盘指标差应该不超过20秒。

(2)在测量过程中,可以使用一些简便的方法,如等仪器高法,这样可以减少数据计算量。

(3)在测量过程中,水准尺只使用黑面即可。

(4)横断面点应选择在坡度变化的地方,平坦地貌点间距依据测量规范确定。

(5)本实训项目也可使用全站仪进行,直接可以得出起点距和高差,计算表格会简化很多。

(6)在计算过程中可以使用Excel的计算功能,具体计算公式参见配套教材。

七、记录表格

经纬仪视距法横断面测量计算见表 4.8。

表 4.8 经纬仪视距法横断面测量计算

点号	距离(m)			竖直角		中丝读数	高差	高程
	视距	平距	左起点距	°	′	m	m	m

八、实操考核标准

横断面测量考核标准见表4.9。

表4.9　　　　　　　　　　　　　**横断面测量考核标准**

考核项目	考核内容及要求	分值	评价标准	得分
经纬仪视距法横断面测量	横断面间距的选择	10	能否按照设计要求合理地选择断面的间距	
	横断面位置的选择	10	能否在特殊地物或特殊地貌的位置(如河流交叉处、桥梁跨越处)加测断面	
	横断面方向的选择	10	能否使得横断面方向和纵断面方向垂直,特别是在线路转弯处如何正确选择断面方向	
	横断面线上断面特征点的选择	10	能否在每条断面线上按照比例尺要求和横断面上的地形起伏形态选择合适的断面点	
	外业观测者观测熟练程度	10	能否按照横断面测量的要求完整快速地读出所需数据,并按顺序报给记录者	
	数据记录者的记录熟练程度	10	记录员能否合理、快速地在记录表中记入观测数据,同时完成外业计算	
	数据记录者的计算熟练度、准确度	10	记录员能否在外业时将各个断面细部点到测站的距离和断面特征点的高程准确计算出来	
	能否选择合理的横断面图比例尺	10	能否按照断面测量实际里程和打印图纸大小要求,选择合理的比例尺	
	横断面里程文件的编制	10	能否在文本编辑器中编辑每个横断面对应的里程文件*.hdm	
	使用里程文件法绘制横断面图	10	能否使用CASS软件中的断面里程文件法绘制横断面图,并对断面图进行必要的编辑	
满分		100	总得分	

任务4.3　全站仪坐标法纵横断面测量

一、实训目的

(1)了解全站仪的各项功能及基本使用方法。
(2)理解全站仪测量纵、横断面与经纬仪及水准仪的主要区别。
(3)掌握全站仪纵、横断面测量的方法。

二、实训仪器及设备

每组全站仪1台、三脚架1副、小钢尺1把、跟踪杆1个、单棱镜1个、记录板1个,自备小刀、铅笔等。

三、任务目标

(1)每组完成约200m长的线路纵断面测量。
(2)在这条线路上,每名同学独立完成2个以上的横断面测量。

四、实训要求

(1)选择一条有坡度变化的线路。
(2)根据《工程测量规范》(GB 50026—2007)、《公路勘测规范》(JTG C10—2007)中的规定,结合本次实训任务,确定全站仪进行纵、横断面测量精度限差符合表4.10和表4.11的要求。

表4.10　　中桩高程测量精度

公路等级	闭合差(mm)	两次测量之差(cm)
高速公路,一、二级公路	$\leq 30\sqrt{L}$	≤ 5
三级及三级以下公路	$\leq 50\sqrt{L}$	≤ 10

注:L为高程测量的路线长度(km)。

表4.11　　横断面检测互差限差

公路等级	距离(m)	高差(m)
高速公路,一、二级公路	$\leq \frac{L}{100}+0.1$	$\leq \frac{h}{100}+\frac{L}{200}+0.1$
三级及三级以下公路	$\leq \frac{L}{50}+0.1$	$\leq \frac{h}{50}+\frac{L}{100}+0.1$

注:①L为测点至中桩的水平距离(m);
　　②h为测点至中桩的高差(m)。

（3）实训数据要按照格式书写，记录清晰。
（4）利用实训数据绘制纵、横断面图。

五、实训步骤

1. 安置仪器并进入数据采集界面

在测站点上安置仪器，包括对中和整平。大部分全站仪的数据采集功能是在菜单模式下选取的。如"菜单"→"数据采集"，或"MENU"→"DATA COLLECTION"。

2. 建立或选择工作文件

工作文件是存储当前测量数据的文件，文件名要简洁、易懂、便于区分不同时间或地点，一般可用测量时的日期作为工作文件的文件名。

3. 测站设置

测站设置通常需要输入图根控制点的点号、坐标（X、Y、H 或 N、E、H）。如果控制点数量众多，则可事先将编辑好的控制点坐标数据文件上传到仪器内存中，以节省外业时间并防止外业输错。

4. 后视定向

后视定向通常需要输入后视点的点号、坐标（X、Y 或 N、E）。不同仪器的定向过程不一样。大部分全站仪在输完测站点坐标和后视点坐标后会自动计算出后视边的方位角，并提示是否确认，此时应该精确瞄准后视棱镜中心后，按确认键。

5. 定向检查

在定向工作完成之后，再到附近的另外一个控制点上立棱镜，将测出来的坐标和已知坐标进行比较，从而判断定向结果的精度。

6. 碎部测量

定向检查结束之后，就可以进行碎部测量。如图 4-5 所示，在纵、横断面的断面地形特征点上立棱镜，依次采集并存储，适当绘制草图。

六、注意事项

（1）纵、横断面测量要注意前进的方向及前进方向的左右。
（2）当跟踪杆高度发生变化时，全站仪也要同时修改目标高。
（3）采点过程中跟踪杆应尽量保持垂直。
（4）横断面上各个点应该在一条垂直于纵断面的直线上。

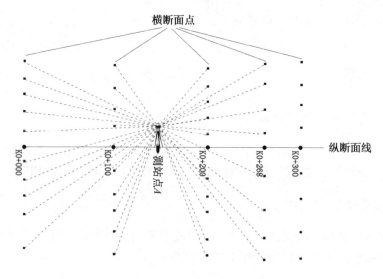

图 4-5　全站仪测量纵横断面示意图

七、数据传输

使用传输软件将断面测量数据文件传输到计算机中，检查数据文件是否有错误，保存好数据供内业绘图时使用。

八、扩展训练

（1）请各位同学思考一下，如果使用 RTK，将怎么完成横断面的测量？并利用课后时间练习实施。

（2）现阶段的无人机摄影测量技术，是否可以完成线路的横断面测量？

任务 4.4 RTK 坐标法纵横断面测量

一、实训目的

(1)熟悉 RTK 的各项功能及基本使用方法。
(2)理解 RTK 与全站仪进行纵横断面测量的主要区别。
(3)掌握使用 RTK 进行纵横断面测量的方法。

二、实训仪器及设备

每组 RTK 1 台套、三脚架 1 副、小钢尺 1 把、记录板 1 个,自备小刀、铅笔等。

三、任务目标

(1)每组完成约 200m 长的线路纵断面测量。
(2)在这条线路上,每名同学独立完成 2 个以上的横断面测量。

四、实训要求

(1)选择一条有坡度变化的线路,要求周围视野较为开阔,保证 RTK 有信号。
(2)断面测量精度要求同全站仪坐标法横断面测量。
(3)实训过程中要练习七参数的解算,所以应该有 3 个以上的已知控制点。
(4)利用实训数据绘制纵横断面图。

五、实训步骤

(1)完成 GNSS-RTK 的仪器设置,如果使用 CORS 则使用账号直接连接 CORS,否则先自行安置基准站,再安置流动站。

(2)设置基准站和流动站,连接蓝牙(工程之星中端口设置串口号必须与移动站蓝牙的串口号相同,串口号默认是 COM7,波特率为 115200bps),移动站解算精度水平选 HIGH,RTK 解算模式选 NORMAL,差分数据格式选 RTCM3,这些内容通常设置一次后不用再改变。设置电台通道或 GPRS 模式,启动手簿中的工程之星软件,直到出现固定解。

(3)进行工程设置,选择投影方式、坐标系统、设置中央子午线和 Y 坐标加常数,建立工作文件夹,设置流动站跟踪杆高度(注意区分直高、杆高和斜高)。

(4)选择测区内能够控制整个测区的控制点解算参数(七参数)。要求控制点的位置能控制整个测区,避免所有控制点位于测区的某一侧。

七参数是分别位于两个椭球内的两个坐标系之间的转换参数。工程之星软件中的七参数指的是 GNSS 测量坐标系和施工测量坐标系之间的转换参数。工程之星提供了一种七参数的计算方式,在"工具/坐标转换/计算七参数"中进行了具体的说明。七参数计算时至少需要三个公共的控制点,且七参数和四参数不能同时使用。七参数的控制范围可以达到 10 千米左右。

如图 4-6 所示，点击"增加"→输入第一个控制点的坐标值：点名、X、Y、H→点击"确定"，"从坐标管理库选点"→选择对应在第一控制点上测量的坐标值→"确定"（右上角）→"确认"；

重复以上步骤，共增加 3 个以上控制点，然后在屏幕下方点击"保存"→输入文件名→"OK"（上方）→"应用"，则完成转换参数的求取。

七参数的基本项包括：三个平移参数、三个旋转参数和一个比例尺因子，需要三个已知点和其对应的大地坐标才能计算出来，如图 4-7 所示。

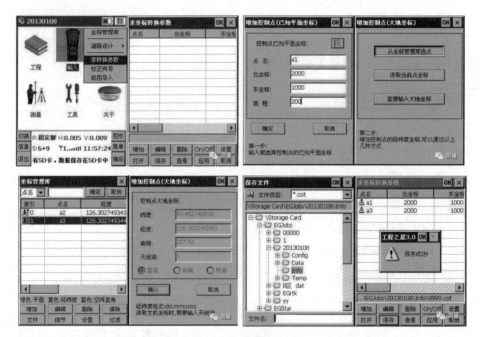

图 4-6　七参数解算过程

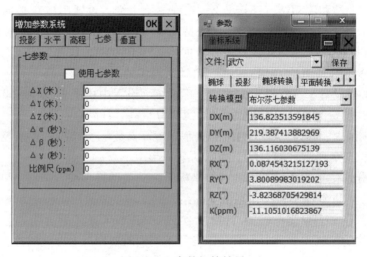

图 4-7　七参数解算结果

（5）七参数解算完毕并检验之后开始横断面测量，进入点测量菜单，使用 GNSS-RTK 逐个在横断面上打点，并适当绘制草图；碎部点的选择依据地形条件。

（6）对于卫星信号良好的地段，使用 GNSS-RTK 测量其横断面，对于卫星信号不好的地段，使用 GNSS-RTK 在地面上设置一对控制点，供全站仪设站和定向使用。

六、注意事项

（1）当 RTK 跟踪杆的高度发生变化时，在 RTK 手簿软件中也要同时修改目标高。

（2）横断面上各点应位于一条垂直于纵断面的直线上，可以事先将断面线设计好保存为 *.dxf 文件传输到 RTK 手簿中，外业测量时作为参照。

七、数据传输

使用传输软件将断面测量数据文件传输到计算机中，检查数据文件是否有错误，保存好数据供内业绘图时使用。

任务 4.5 使用断面里程文件绘制断面图

此方法对应于水准仪间视法和经纬仪视距法采集的数据，外业获取的是断面点到测站的距离及断面点的高程。断面里程文件在一些工程中还是需要的，因此需要掌握此方法。

一、实训目的

(1)熟悉使用 CASS 软件"断面里程文件法"绘制断面图的方法。
(2)掌握横断面里程文件中各项数据的意义，能够生成正确的断面里程文件，并使用断面里程文件批量绘制断面图。
(3)掌握在同一断面上绘制两期断面图的方法，掌握计算两期断面间填挖方面积的方法。
(4)掌握使用坐标数据文件绘制断面的基本方法，能够按照要求设置断面图中的各项参数(纵横向比例尺、距离标注方式、里程和高程注记位数等、批量绘制横断面、断面图行列间距设置)。

二、实训仪器及设备

每小组一台计算机并安装 CASS9.1 软件。

三、任务目标

(1)将外业观测的数据生成断面里程文件。
(2)使用断面里程文件完成断面图的绘制。
(3)使用二维码中的实例数据绘制断面图。

四、实训要求

(1)各小组尽量使用本组外业采集阶段获取的数据完成断面图的绘制，通过绘图检查外业数据采集的质量(点位密度、点位采集合理性等)。
(2)如果外业实训环节采集的数据质量不高或者数据量太少不足以完成断面图绘制实训，则扫描下载二维码中提供的真实数据，完成各项实训内容。
(3)实训完成后，按要求提交相应的断面图绘制成果。

五、实训步骤

1. 使用单个里程文件绘制单个断面图

断面里程文件的格式及具体意义见配套教材。使用如图 4-8 所示的断面里程文件数据绘制断面图。

在 CASS 软件主菜单下选择"工程应用"→"绘断面图"→"根据里程文件"，在弹出的对话框里选择"断面里程文件名(*.hdm)"，在图 4-9 所示的对话框中进行如下设置：

任务 4.5　使用断面里程文件绘制断面图

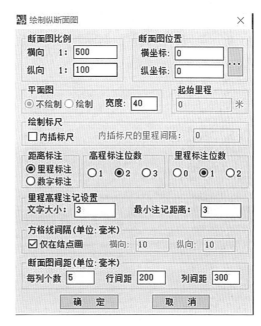

图 4-8　断面里程文件图　　　　图 4-9　绘制断面图

（1）确定断面图的横向和纵向比例尺，默认比例尺分别为 1∶500 和 1∶100，纵向比例尺的选择通常断面高差越小选择的比例尺应越大，以方便使用断面图。

（2）确定断面图的绘制位置，可以输入坐标，也可以用鼠标捕捉位置，具体位置指的是断面图纵轴和横轴的交点位置，而不是下方表格的左下角点。

（3）距离标注可以选择里程标注形式（K1+235.6），也可以选择数字标注形式（1235.6）。

（4）高程标注位数和里程标注位数通常按设计要求选择。

（5）里程和高程注记文字大小按要求设置字号和最小注记距离。

绘制结果如图 4-10 所示。

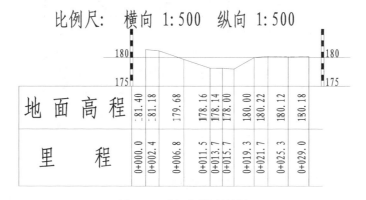

图 4-10　断面图绘制结果

2. 使用断面里程文件绘制先后两期断面(断面盖顶)

如图 4-11 所示为同一断面上的两期断面测量数据，绘制结果如图 4-12 所示。

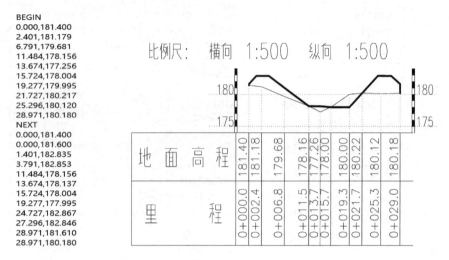

图 4-11　同一断面两期里程文件　　图 4-12　同一断面上的两期断面图

3. 使用断面盖顶文件计算两期断面面积

在计算完两期断面之后再计算同一里程处两期断面间形成的填方面积和挖方面积，从而为断面法土方量计算提供基础数据。

在 CASS 软件主菜单下选择"工程应用"→"绘断面图"→"计算断面面积"，在弹出的对话框里选择"断面里程文件名(∗.hdm)"，在图 4-13 所示的对话框下进行如下设置：

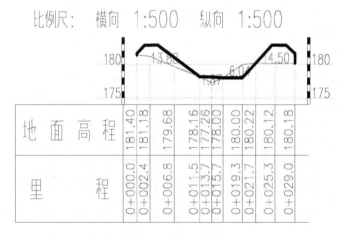

图 4-13　计算两期断面间的填挖方面积

输入纵向和横向比例尺,选择断面线,点击任一计算区域内部点,依次计算出两条断面线相交部分形成的断面面积。

扫描二维码 4.1,使用数据生成如图 4-13 所示的断面图并计算两期断面线之间的填方面积和挖方面积。

二维码 4.1　包含两期断面数据的里程文件

4. 制作包含多个断面信息的断面里程文件(∗.hdm)

扫描二维码 4.2,将文件夹中的多个横断面里程文件组合在一起,生成一个"包含多个断面信息"的断面里程文件,合成后的文件也在此文件夹中,请作参考。

二维码 4.2　断面里程文件

注意:
(1)一条线状工程纵断面图通常是一个,所以一次绘制一个纵断面图。
(2)横断面图通常有很多个,所以尽可能一次批量绘制多个,前提是将每个横断面对应的里程文件合并在一起生成一个断面里程文件。
(3)包含多个断面信息的里程文件,每个断面开始行用"BEGIN"开始,后面是该断面的纵断面里程,冒号后面是断面的序号,如图 4-14 所示。

5. 使用断面里程文件批量生成断面图

使用步骤 4 中生成的断面里程文件(包含多个断面信息)批量生成断面图,如图 4-15 所示。

注意:在一次批量绘制多个横断面图时,通常需要事先规划好断面图的排列顺序和位置,可以设置每列的个数,也可以设置各幅断面图之间的行间距和列间距,需要根据断面的实际大小和比例尺预估断面图大小从而确定行列间距,避免各行列断面图间距过大或过小。

扫描二维码 4.3,查看已经做好的断面里程文件,自行绘制断面图,并和已经绘制好的断面图进行比较。

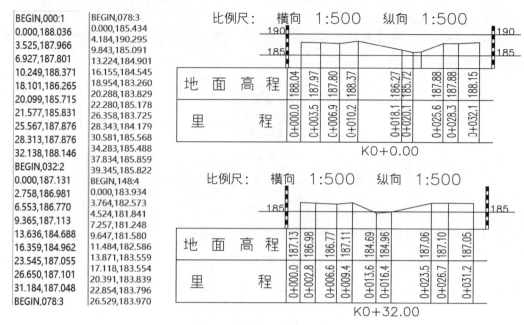

图 4-14 包含多个断面信息的断面里程文件

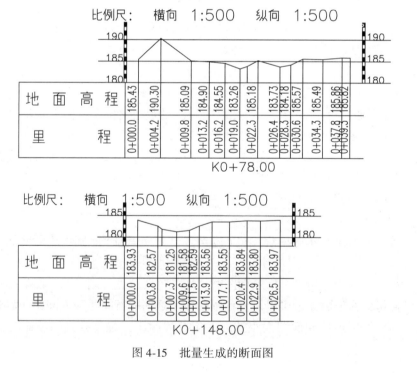

图 4-15 批量生成的断面图

二维码4.3　断面里程文件及断面图

六、注意事项

（1）爱护计算机房软硬件设施，保持机房卫生状况。
（2）按要求完成所有实训内容，提交合格的绘图成果。

七、思维拓展

（1）反复练习熟练掌握CASS软件中提供的断面图绘制的各项功能。
（2）思考断面图绘制的其他方法，同时通过网络查找其他的断面图绘制软件。

任务4.6 使用坐标数据文件绘制断面图

一、实训目的

(1)熟悉使用 CASS 软件"坐标数据文件法"绘制断面图的方法。
(2)掌握坐标数据文件中各行数据的意义,能够使用坐标数据文件绘制断面图。
(3)掌握以断面线中间为零点向两侧绘制横断面图的方法。

二、实训仪器及设备

每小组一台计算机并安装 CASS9.1 软件。

三、任务目标

(1)将外业观测的数据绘制成断面线。
(2)使用坐标数据文件完成断面图的绘制。
(3)使用二维码中的实例数据绘制断面图。

四、实训要求

(1)各小组尽量使用本组外业采集阶段获取的数据完成断面图的绘制,通过绘图检查外业数据采集的质量(点位密度、点位采集合理性等)。
(2)如果外业实训环节采集的数据质量不高或者数据量太少不足以完成断面图绘制实训,则扫描下载二维码中提供的真实数据,完成各项实训内容。
(3)实训完成后按每项子任务的要求提交相应的断面图绘制成果。

五、实训步骤

坐标数据文件法对应于全站仪和 RTK 坐标法采集的数据,外业获取的是各断面点的三维坐标,是实际工作中最常用的方法。

(1)将外业观测到的数据文件展点到 CASS 绘图界面中。

使用各小组外业横断面测量阶段采集的坐标数据文件(*.dat),也可扫描二维码4.4中的数据进行练习。

二维码4.4　某河道横断面测量坐标数据文件

(2)使用复合线命令(PLINE)生成断面线。

注意：

①PLINE 线的绘制方向决定了横断面图的起点，因此在绘制断面线之前要确定横断面图的绘制方向，使用 PLINE 线绘制断面线时一定要注意方向。

②如果在外业数据采集中按每个断面固定方向采点并输入简编码，则可在内业执行"简码识别"功能，自动将每条断面线按照外业观测的顺序进行连接生成断面线。例如河流纵断面线通常选择深泓线，在横断面测量完毕之后，在图上人工连接深泓线费时费力，可在外业测量时给深泓线点加上特殊的编码，内业使用编码简码识别自动连线。

③绘制完成的 PLINE 线可以使用属性命令(PROPERTIES)中的顶点功能，判断 PLINE 线上各顶点的连接关系，即 PLINE 线的绘制方向。

(3)以横断面中间为零点向两侧绘制断面图。

如果横断面的零点在横断面线的中央，则应考虑左起点距和右起点距，如图 4-16 所示。

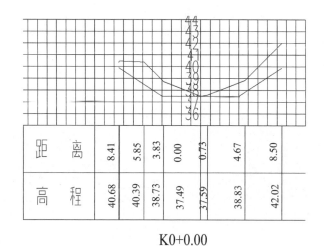

图 4-16 以横断面中间为零点生成的横断面图

(4)根据断面坐标数据文件绘制断面图。

在 CASS 软件主菜单下选择"工程应用"→"绘断面图"→"根据已知坐标"，在弹出的对话框里选择"坐标数据文件名(*.dat)"，在图 4-9 所示的对话框下进行必要的设置，绘制出对应的断面图。

注意：

①根据已知坐标每次只能绘制一个横断面图。

②绘制纵断面图和横断面图都用此功能。

③为了使横断面线和纵断面线垂直，可以事先在底图上规划好横断面线，并生成*.dxf文件导入 RTK 手簿中，测量过程中可参考设计断面线采集断面点，从而使外业采集的横断面点尽可能地位于同一条直线上。

六、注意事项

(1)爱护计算机房软硬件设施,保持机房清洁卫生。
(2)按要求完成所有实训内容,提交合格的绘图成果。

七、思维拓展

(1)反复练习熟练掌握 CASS 软件中提供的断面图绘制的各项功能。
(2)思考断面图绘制的其他方法,同时通过网络查找其他的断面图绘制软件。

实训项目 5　土石方量测量与计算

一、实训项目简介

土石方量测量与计算是工程施工设计的重要环节，直接影响整个工程的施工质量和造价控制。为提高土石方量测量计算水平，很多企业积极引用现代化计算技术，其中 CASS 软件的应用最为广泛。本项目单元主要训练三种土石方量测量与计算方法：断面法土石方量测量与计算、方格网法土石方量测量与计算、DTM 法土石方量测量与计算，本项目针对同一片测区，三种方法可以起到互相检核的作用。每种方法均可独立完成，每种方法建议用连续 4 学时完成，各学校可根据自己学校的学时情况选择性地安排实训环节。

二、实训目的

理解土石方量测量的基本思想和原理，CASS 土石方量计算方法包括断面法、方格网法、DTM 法。

掌握使用全站仪、RTK 两种设备完成土石方量外业测量工作，使用 CASS 软件独立完成数据内业整理和计算。

三、实训任务

(1) 控制点布设。
(2) 断面法土石方量测量与计算。
(3) 方格网法土石方量测量与计算。
(4) DTM 法土石方量测量与计算。

四、实训设备

(1) 共用设备：RTK 基准站 1 台，若使用 CORS 信号则可不架设基站。
(2) 小组设备：全站仪 1 台、RTK 流动站及手簿 1 套、三脚架 1 副、全站仪棱镜杆 1 副、钢尺 1 把。

五、实训场地要求

在校园内找到一块长约 100m，宽约 100m 的高度变化大的场地，方便计算土石方量。

六、实训场地控制点布设

控制点布设情况如图 5-1 所示，根据测区的实际情况，在教师的指导下，使用全站仪或 RTK 布设一套控制点,控制点数要大于小组数,各小组可以交叉使用各个控制点,当控制点不能满足要求时,可以自主向外支点。控制点对应的坐标值如表 5.1 所示。各地区坐标不同,各学校应根据自己的校园控制网为学生提供真实的控制点数据。

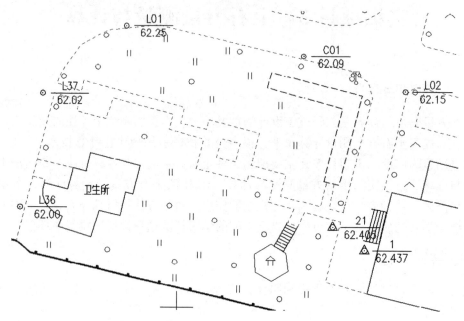

图 5-1 圆曲线放样实训场地控制点布设示意图

表 5.1 圆曲线放样控制点数据表

点号	Y 坐标(m)	X 坐标(m)	H 高程(m)
1	542529.061	4644859.042	62.437
21	542524.170	4644862.673	62.405
L02	542535.223	4644884.003	62.149
C01	542519.455	4644889.465	62.090
L01	542491.882	4644894.177	62.253
L37	542478.756	4644883.580	62.020
L36	542475.315	4644865.650	62.001

任务 5.1　断面法土石方量测量与计算

一、实训目的

(1) 掌握断面法土石方量测量的基本思想和原理。
(2) 掌握断面法土石方量测量的操作流程。
(3) 掌握使用 CASS 软件绘制断面图的方法。
(4) 掌握使用 CASS 软件"断面法"计算土石方量。

二、实训仪器及设备

全站仪 1 台、全站仪专用三脚架 1 个、跟踪杆 1 个、小棱镜 1 个、绘图板 1 个,自备铅笔、小刀等。

三、任务目标

选择一个高低不平的实地区域(图 5-2),布设控制网,确定纵、横断面的方向、位置,完成纵、横断面的外业测量工作。

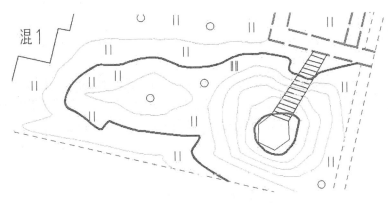

图 5-2　断面法土石方量计算示意图

四、实训要求

(1) 每名同学至少完成一个断面的测量。
(2) 根据实地情况,设置横断面间距。
(3) 纵、横断面测量时,测量的点数、位置一定要符合要求。
(4) 按照《工程测量规范》(GB 50026—2007)中的技术要求,完成纵、横断面的测量。
①仪器的对中偏差不应大于 5mm,仪器高和反光镜高的量取应精确至 1mm。
②应选择较远的图根点作为测站定向点,并施测另一图根点的坐标和高程,作为测站。

③检核。检核点的平面位置较差不应大于图上 0.2mm，高程较差不应大于基本等高距的 1/5。

（5）每组独立完成内业数据处理，提交合格成果。

五、实训步骤

（1）在测区周边布设控制网。
（2）根据设计测量纵断面(参考纵断面部分)。
（3）根据设计测量横断面(参考横断面部分)。
（4）导出全站仪中的测量数据。
（5）通过 CASS 软件进行内业数据处理。

①生成里程文件。一般选择由纵断面生成，在生成前需要先用复合线画出道路的纵断面线(也就是用复合线把断面的中桩连起来)。

②选择土方计算类型。用鼠标点取"工程应用"→"断面法土方计算"→"道路断面"。点击后弹出对话框，道路断面的初始参数都可以在这个对话框中进行设置。

③选择里程文件：点击"确定"左边的按钮(上面有三点的)，出现"选择里程文件名"的对话框，选定第一步生成的里程文件。把实际设计参数填入相应的位置。注意：单位均为米。

如果生成的部分断面参数需要修改，用鼠标点取"工程应用"菜单下的"断面法土方计算"子菜单中的"修改设计参数"。屏幕提示"选择断面线"，这时可用鼠标点取图上需要编辑的断面线，选设计线或地面线均可。选中后弹出一个对话框，可以非常直观地修改相应参数。

④计算工程量。用鼠标点取"工程应用"→"断面法土方计算"→"图面土方计算"。命令行提示：选择要计算土方的断面图，拖框选择所有参与计算的道路横断面图，指定土石方计算表左上角位置，在屏幕适当位置点击鼠标定点。系统自动在图上绘出土石方计算表。

扫描二维码 5.1 观看微课"CASS 软件断面法土石方量计算"。

二维码 5.1　微课：CASS 软件断面法土石方量计算

六、注意事项

（1）每条横断面上的点，应尽量在一条直线上。
（2）纵、横断面上的点名，应该进行区分。
（3）当跟踪杆高度发生变化时，全站仪的目标高一定要同时更改。

七、实例练习

请同学们扫描二维码 5.2 获得 DAT 原始数据，然后练习使用 CASS 软件断面法进行土石方量计算。

二维码 5.2　DAT 原始数据（断面法土石方量计算）

八、扩展训练

请同学们思考一下，同样一个任务，还可以用哪些仪器设备完成？每种仪器之间各有什么优缺点？如果让你来独立完成这项任务，你会怎么选择？

任务 5.2　方格网法土石方量测量与计算

一、实训目的

(1)掌握方格网法土石方量测量的基本思想和原理。
(2)掌握方格网法土石方量测量的操作流程。
(3)掌握使用 CASS 软件完成方格网法土石方量计算。

二、实训仪器及设备

全站仪 1 台、全站仪专用三脚架 1 个、跟踪杆 1 个、小棱镜 1 个、绘图板 1 个，自备铅笔、小刀等。

三、任务目标

选择一个高低不平的实地区域布设控制网，根据设计，确定方格网大小。根据测区边界，确定每个方格网角度位置，然后使用全站仪完成外业的测量工作。

四、实训要求

(1)每名同学至少完成 2 个以上方格网角点的测量。
(2)将场地划分为边长 10~40m 的正方形方格网，平坦地区宜采用 20m×20m 的方格网；地形起伏地区宜采用 10m×10m 的方格网。
(3)实地测量时，可以配合钢尺一起测量。
(4)根据《工程测量规范》(GB 50026—2007)、《建筑施工测量标准》(JGJ/T 408—2017)中的规定，结合本次实训任务，确定平面位置允许误差≤±50mm，高程允许误差≤±20mm。
(5)每组独立完成内业数据处理，提交合格成果。

五、实训步骤

(1)在测区周边布设控制网。
(2)根据设计和规范要求，完成正方形方格网的测量。
(3)导出全站仪中的测量数据。
(4)通过 CASS 软件进行内业数据处理。
①确定计算区域："方格网法"→"确定计算范围"→"绘制区域"。
确定区域编号，绘制区域，选择区域是否划分为多个区块，区域绘制完成；可通过自由绘制、选择已有封闭线、自动搜索或者累加搜索等方法确定区域。
②布置方格网："方格网法"→"自动布置方格网"。

点选要布置方格网的区域，在弹出的设置窗口中，设置方格网大小、方向等参数，单击"确定"按钮，布置出方格网。

③采集自然标高："方格网法"→"采集自然标高"。

点取要采集标高的区块/区域，程序读取该区域地形数据，并标注在方格点右下角。

④确定设计标高：设计标高可以手动输入或采集图上设计数据，此处以手动输入为例："方格网法"→"确定设计标高"→"输入设计标高"。

点取要输入标高的区块/区域，可通过等高度面、增减自然/设计标高、一点/二点坡度面、三点面、四点面这个方法确定设计标高，此处定义为等高度面。通过颜色区分填挖方范围。

⑤绘制零线："方格网法"→"绘制零线"。

点取区域，程序自动绘制零线。

⑥挖填面积计算："方格网法"→"挖填面积计算"。

可定位填挖方最高点，标注在图上。

⑦计算土石方量："方格网法"→"计算土石方量"。

指定松散系数(此处忽略)，点取区域，土方量标注在每一个方格中，颜色区分填挖方。

⑧行列汇总："方格网法"→"土方行列汇总"。

其他汇总：横向为每一列的填方总量，竖向为每一行的挖方总量。

⑨土方量统计："方格网法"→"土方量统计表"。

可将汇总表绘制到图上或者导入 Word 文档中。

⑩绘制平土断面图："方格网法"→"绘制平土断面图"。

制定断面线位置，绘制断面；洋红色为自然地面线，黄色为平土地面线。

⑪土方三维模型：自然三角面模型生成→平土三角面模型生成→平土面自然面合并。

扫描二维码 5.3 观看微课"CASS 软件方格网法土石方量计算"。

二维码 5.3　微课：CASS 软件方格网法土石方量计算

六、注意事项

(1)每条横断面上的点应尽量在一条直线上。

(2)纵、横断面上的点名应该进行区分表示。

(3)当跟踪杆高度发生变化时,全站仪的目标高一定要同时更改。

七、实例练习

请同学们扫描二维码 5.4 获得 DAT 原始数据,然后练习使用 CASS 软件进行方格网法土石方量计算。

二维码 5.4　DAT 原始数据(方格网法土石方量计算)

八、扩展训练

请同学们思考一下,同样一个任务,还可以用哪些仪器设备完成?每种仪器之间各有什么优缺点?如果让你来独立完成这项任务,你会怎么选择?

任务 5.3　DTM 法土石方量测量与计算

一、实训目的

(1)掌握 DTM 法土石方量测量的基本思想和原理。
(2)掌握 DTM 法土石方量测量的操作流程。
(3)掌握使用 CASS 软件完成 DTM 法土石方量计算。

二、实训仪器及设备

全站仪 1 台、全站仪专用三脚架 1 个、跟踪杆 1 个、小棱镜 1 个、绘图板 1 个,自备铅笔、小刀等。

三、任务目标

选择一个高低不平的实地区域,布设控制网,根据实际地貌的变化情况(可以按照测量等高线的方法测量),完成外业的测量工作。

四、实训要求

(1)每名同学最少完成 5 个特征点的测量。
(2)根据实地情况,设置碎步点位置。
(3)根据《工程测量规范》(GB 50026—2007)中的规定,结合本次实训任务,按照数字化测图 1∶500 地形图中等高线测量的要求,完成测量。
(4)每组独立完成内业数据处理,提交合格成果。

五、实训步骤

(1)在测区周边布设控制网。
(2)根据设计,进行设站、定向、碎步点测量。
(3)导出全站仪中的测量数据。
(4)通过 CASS 软件进行内业数据处理。
①在图上绘制土石方量的计算范围(必须为闭合多段线)。
②用 CASS 软件打开数据后,在菜单里点击"工程应用"→"DTM 法土方计算"→"根据坐标文件"。
③这时 CASS 软件提示选择计算区域边界线(该范围边界线必须为闭合的多段线)。
④选定计算范围区域后,弹出"输入高程点数据文件名",找到对应的高程点文件打开。
⑤输入平场标高和边界采样间距(根据具体情况分析确定)。点击"确定"就得到土方

挖填方量。

⑥最后在空白处指定计算结果数据表格,最终得到计算结果。

扫描二维码 5.5 观看微课"CASS 软件 DTM 法土石方量计算"。

二维码 5.5　微课：CASS 软件 DTM 法土石方量计算

六、注意事项

(1)当个别点位不通视时,可以向里面支站,但是不能连续支站超过两次。

(2)在地形变化复杂的地方,应适当加密碎步点的测量。

(3)当跟踪杆高度发生变化时,全站仪的目标高一定要同时更改。

七、实例练习

请同学们扫描二维码 5.6 获得 DAT 原始数据,然后练习使用 CASS 软件中的 DTM 法进行土石方量计算。

二维码 5.6　DAT 原始数据(DTM 法土石方量计算)

八、扩展训练

请同学们思考一下,同样一个任务,还可以用哪些仪器设备完成？每种仪器之间各有什么优缺点？如果让你来独立完成这项任务,你会怎么选择？

实训项目 6　建筑物变形监测

一、实训项目简介

变形监测是指对建(构)筑物及其地基、建筑基坑或一定范围内的岩体及土体的位移、沉降、倾斜、挠度、裂缝和相关影响因素(如地下水、温度、应力应变等)进行监测,并提供变形分析预报的过程。

工程变形监测就是利用专用的仪器和方法对工程建筑物等监测对象(也称变形体)的变形进行周期性重复观测,从而分析变形体的变形特征、预测变形体的变形态势。

本项目单元主要训练两方面建筑物的变形监测:沉降变形监测和水平位移监测,两种变形监测相互独立,各学校可根据自己学校的建筑物情况和学时情况合理安排实训环节。因需要周期性观测,建议与其他实训内容联合实施,每周一次,每次利用30分钟完成变形监测外业测量,利用课余时间,完成内业数据整理。

二、实训目的

理解变形体的空间位置随时间变化的特征,科学、准确、及时地分析和预报工程建筑物的变形状况,同时还要正确地解释变形的原因和机理。

掌握使用全站仪、电子水准仪完成建筑物的水平位移监测和沉降变形监测,同时具备内业数据整理、分析的能力。

三、实训任务

(1)控制点布设。
(2)沉降变形监测。
(3)水平位移监测。
(4)内业数据整理、分析。
(5)编写变形监测项目技术总结报告。

四、实训设备

(1)共用设备:观测标志若干、喷漆1桶。
(2)小组设备:DS1电子水准仪1台、水准尺1对、全站仪1台、三脚架1副、全站仪棱镜杆1副、记号笔1个,二等水准记录表格、铅笔、直尺等若干。

五、实训场地要求

(1) 沉降监测场地要求：在校园内，找到一个独立建筑物，如教学楼、宿舍楼等，要求该建筑物周边通视良好，无其他建筑物或茂密树木，能够满足多组同时进行闭合水准路线测量。

(2) 位移监测场地要求：在校园内，找到一个基坑或者土堆、小山等，当没有这些时，我们也可以以建筑物为观测对象。

六、实训场地控制点布设

1. 沉降监测场地控制点布设

控制点布设情况如图 6-1 所示，选定 3 号宿舍楼为沉降监测对象，在 3 号宿舍楼远处，根据测量小组数，布设若干高程控制点（61、63、64 等），对应坐标值如表 6.1 所示。各地区坐标不同，各学校应根据自己的校园控制网为学生提供真实的控制点数据。

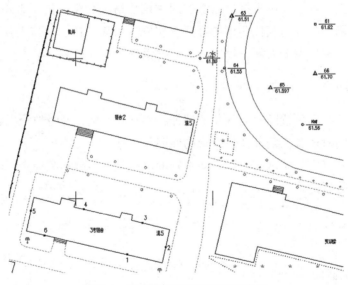

图 6-1 变形监测控制点实训示意图

表 6.1 高程控制点数据表

点号	高程(m)	点号	高程(m)
61	61.622	63	61.513
L25	61.805	64	61.553
65	61.597	66	61.696

2. 位移监测场地控制点布设

控制点布设情况如图 6-2 所示,选定 1 号宿舍楼为平面位移监测对象,在 1 号宿舍楼周边,根据测量小组数,布设若干个平面控制点($A1$、$A2$、$A3$ 等),对应坐标值如表 6.2 所示。各地区坐标不同,各学校应根据自己的校园控制网为学生提供真实的控制点数据。

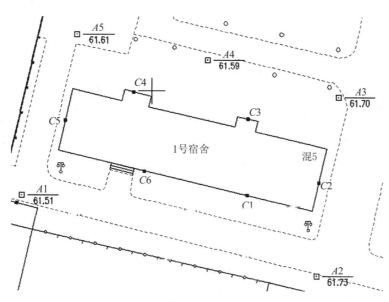

图 6-2 变形监测控制点实训示意图

表 6.2 平面控制点数据表

点号	Y 坐标	X 坐标
$A1$	542324.446	4645029.860
$A2$	542382.310	4645014.214
$A3$	542386.686	4645048.844
$A4$	542360.912	4645056.030
$A5$	542335.402	4645061.012

任务 6.1　建筑物沉降变形监测

一、实训目的

(1) 了解沉降变形监测的意义。
(2) 熟悉沉降变形监测的基本原理。
(3) 掌握沉降变形监测基准点与监测点的布设。
(4) 掌握沉降变形监测的测量流程。
(5) 掌握沉降变形监测的数据处理与分析。

二、实训仪器及设备

DS1 电子水准仪 1 台、水准仪专用三脚架 1 个、水准尺 1 对、尺垫 1 对、记录表格若干，自备铅笔、小刀、计算器等。

三、任务目标

选择校园内的一栋大楼，在大楼周边确定好基准点，布设好监测点（如图 6-3 所示），选择二等水准测量方法，定期完成监测工作。

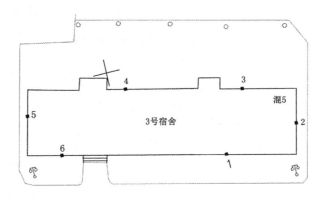

图 6-3　建筑物沉降监测示意图

四、实训要求

(1) 每名同学独立完成一次沉降变形监测的全过程。
(2) 观测精度等级要求：
①观测点观测等采用了二等水准测量；
②基准点观测精度应高于变形点观测的精度，即采用了一等精度观测。
(3) 基准点观测主要技术要求见表 6.3、表 6.4，观测点的主要技术要求见表 6.5、表 6.6。

表 6.3　　　　　　　　　　　　基准点观测主要技术要求

等级	相邻基准点高差中误差(mm)	每站高差中误差(mm)	往返较差(mm)	检测已测高差较差(mm)	主要技术要求
一等	±0.3	±0.07	±0.15$\sqrt{n}$	±0.2$\sqrt{n}$	按国家一等水准测量的技术要求施测；n为测站数

表 6.4　　　　　　　　　　　　基准点观测主要技术要求

等级	视距(m)	前后视距差(m)	视距累积差(m)	视线高度(m)	基、辅分划读数的差(mm)	基、辅分划所测高差之差(mm)
一等	≤15	≤0.7	≤1.0	≥0.3	0.3	0.5

表 6.5　　　　　　　　　　　　观测点的主要技术要求

等级	高程中误差(mm)	相邻点高差中误差(mm)	往返较差或环线闭合差(mm)	观测要求
二等	±0.5	±0.30	≤0.3$\sqrt{n}$	按国家一等精密水准测量；n为测站数

表 6.6　　　　　　　　　　　　观测点的主要技术要求

等级	视线长度(mm)	前后视距差(mm)	前后视距累积差(mm)	视线高度(mm)	基、辅分划读数的差(mm)	基、辅分划所测高差之差(mm)
二等	≤50	2.0	3.0	0.3	0.5	0.7

（4）一般情况我们至少要埋设3个基准点，基准点距观测点的距离应大于2倍建筑物的深度。为便于检测基准点的稳定性，3个基准点最好围成一个边长不超过60m的等边三角形。

（5）观测点的布设是沉降观测工作中一个很重要的环节，应考虑以下几个因素：
①建筑物的结构和形状；
②地质条件；
③荷载因素。

（6）根据我们实训课的特点，观测周期确定为7天比较适宜。

五、实训步骤

(1)基准点检测,使用一等水准测量的方法在三个基准点之间进行测量。
(2)使用二等水准测量的方法,从一个基准点出发,经过所有监测点,回到出发的基准点,完成一个闭合水准路线测量。
(3)内业数据处理,数据分析。
(4)编写沉降变形监测报告。
扫描二维码6.1观看微课"二等水准测量的施测"。

二维码6.1 微课:二等水准测量的施测

六、注意事项

(1)沉降变形监测要遵循"五定"原则。
(2)当测量精度超限时,应立即重新测量。
(3)严格按照变形监测规范要求,完成实训。

七、完成表6.7~表6.9剩余部分的计算

表6.7 二等水准测量记录表

测站编号	后距	前距	方向及尺号	标尺读数		两次读数之差	备注
	视距差	视距累积差		第一次读数	第二次读数		
1			后				
			前				
			后-前				
			h				
2			后				
			前				
			后-前				
			h				

表6.8　　　　　　　　　　　　　　基准点观测数据

点号	已知高程(m)	2009年11月30日			2009年12月30日			2009年3月25日		
		实测高程(m)	下沉量(mm)	总下沉量(mm)	实测高程(m)	下沉量(mm)	总下沉量(mm)	实测高程(m)	下沉量(mm)	总下沉量(mm)
J1	10.09988	10.09988	0	0	10.10002	-0.14	-0.14	10.09994	+0.08	-0.06
J2	10.05574	10.05574	0	0	10.05574	0	0	10.05532	+0.42	+0.42
J3					10					

注：J3点假定高程为10 m。

表6.9　　　　　　　　　　　　　　观测点下沉数据统计

点号	已知高程(m)	2009年11月30日			2009年12月30日			2009年3月25日		
		实测高程(m)	下沉量(mm)	总下沉量(mm)	实测高程(m)	下沉量(mm)	总下沉量(mm)	实测高程(m)	下沉量(mm)	总下沉量(mm)
Z1	10.31126	10.31126	0	0	10.31159	-0.33	-0.33	10.31077	+0.82	+0.49
Z2	10.28560	10.28560	0	0	10.28581	-0.21	-0.21	10.28503		
Z3	10.30224	10.30224	0	0	10.30228	-0.04	-0.04	10.30196	+0.32	+0.28
Z4	10.31373	10.31373	0	0	10.31368	+0.05	+0.05	10.31365	+0.03	+0.08
Z5	10.41919	10.41919	0	0	10.41904	+0.15	+0.15	10.41884		
Z6	10.47542	10.47542	0	0	10.47520	+0.22	+0.22	10.47487	+0.33	+0.55

八、记录表格

1. 二等水准测量记录表格

完成二等水准测量手簿表6.10。

表6.10　　　　　　　　　　　　　　二等水准测量手簿

测站编号	后距 视距差	前距 视距累积差	方向及尺号	标尺读数		两次读数之差	备注
				第一次读数	第二次读数		
			后				
			前				
			后-前				
			h				

续表

测站编号	后距 视距差	前距 视距累积差	方向及尺号	标尺读数		两次读数之差	备注
				第一次读数	第二次读数		
			后				
			前				
			后-前				
			h				
			后				
			前				
			后-前				
			h				
			后				
			前				
			后-前				
			h				
			后				
			前				
			后-前				
			h				
			后				
			前				
			后-前				
			h				
			后				
			前				
			后-前				
			h				
			后				
			前				
			后-前				
			h				

续表

测站编号	后距 视距差	前距 视距累积差	方向及尺号	标尺读数		两次读数之差	备注
				第一次读数	第二次读数		
			后				
			前				
			后-前				
			h				
			后				
			前				
			后-前				
			h				
			后				
			前				
			后-前				
			h				
			后				
			前				
			后-前				
			h				
			后				
			前				
			后-前				
			h				
			后				
			前				
			后-前				
			h				
			后				
			前				
			后-前				
			h				

2. 内业数据整理表格

完成内业数据整理表 6.11~表 6.16。

表 6.11 基准点观测数据表

点号	已知高程(m)	实测高程(m)	下沉量(mm)	总下沉量(mm)	实测高程(m)	下沉量(mm)	总下沉量(mm)	实测高程(m)	下沉量(mm)	总下沉量(mm)

表 6.12　　　　　　　　　　　　　观测点下沉数据统计表

点号	起始高程(m)	实测高程(m)	下沉量(mm)	总下沉量(mm)	实测高程(m)	下沉量(mm)	总下沉量(mm)	实测高程(m)	下沉量(mm)	总下沉量(mm)

表 6.13　　　　　　　　　　　　　　　　基准点观测数据表

点号	已知高程(m)	实测高程(m)	下沉量(mm)	总下沉量(mm)	实测高程(m)	下沉量(mm)	总下沉量(mm)	实测高程(m)	下沉量(mm)	总下沉量(mm)

表 6.14 观测点下沉数据统计表

点号	起始高程(m)	实测高程(m)	下沉量(mm)	总下沉量(mm)	实测高程(m)	下沉量(mm)	总下沉量(mm)	实测高程(m)	下沉量(mm)	总下沉量(mm)

表 6.15　　　　　　　　　　　　　　基准点观测数据表

点号	已知高程(m)	实测高程(m)	下沉量(mm)	总下沉量(mm)	实测高程(m)	下沉量(mm)	总下沉量(mm)	实测高程(m)	下沉量(mm)	总下沉量(mm)

表 6.16 观测点下沉数据统计表

点号	起始高程(m)	实测高程(m)	下沉量(mm)	总下沉量(mm)	实测高程(m)	下沉量(mm)	总下沉量(mm)	实测高程(m)	下沉量(mm)	总下沉量(mm)

九、扩展训练

请各位同学根据沉降变形监测的数据,绘制各个监测点的沉降曲线图。

任务6.2 水平位移监测

一、实训目的

(1) 了解水平位移监测的意义。
(2) 熟悉水平位移监测的基本原理。
(3) 掌握水平位移监测的常用方法。
(4) 掌握水平位移监测的测量流程。
(5) 掌握水平位移监测的数据处理与分析。

二、实训仪器及设备

全站仪1台、全站仪专用三脚架1个、大棱镜1对、脚架2个、全站仪反光贴若干，自备铅笔、小刀、计算器等。

三、任务目标

选择校园内的一个基坑，若没有基坑，也可以选择一栋大楼，在基坑周边确定好基准点和后视定向点，在基坑上布设好监测点，监测点分布要均匀合理(如图6-4所示)，定期完成监测工作。

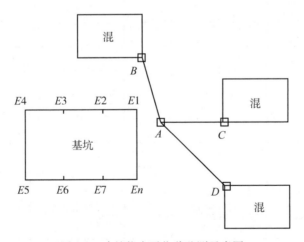

图6-4 建筑物水平位移监测示意图

四、实训要求

(1) 每名同学完成一测站的测量工作。
(2) 布设监测点时，要考虑到基坑(建筑物)的构造特点。
(3) 合理确定监测周期，根据我们的课程特点，建议7天为一个周期。

(4)观测时,所有测量项目的精度应满足测量规范中的技术要求(表6.17),参考《建筑变形测量规范》(JGJ 8—2007)、《工程测量规范》(GB 50026—2007)。

表6.17 变形监测的等级划分及精度要求

等级	垂直位移监测		水平位移监测	适用范围
	变形观测点的高程中误差(mm)	相邻变形观测点的高差中误差(mm)	变形观测点的点位中误差(mm)	
一等	0.3	0.1	1.5	变形特别敏感的高层建筑、高耸构筑物、工业建筑、重要古建筑、大型坝体、精密工程设施、特大型桥梁、大型直立岩体、大型坝区地壳变形监测等
二等	0.5	0.3	3.0	变形比较敏感的高层建筑、高耸构筑物、工业建筑、古建筑、特大型和大型桥梁、人中型坝体、自立岩体、高边坡、重要工程设施、重大地下工程、危害性较大的滑坡监测等
三等	1.0	0.5	6.0	一般性的高层建筑、多层建筑、工业建筑、高耸构筑物、直立岩体、高边坡、深基坑、一般地下工程、危害性一般的滑坡监测、大型桥梁等
四等	2.0	1.0	12.0	观测精度要求较低的建(构)筑物、普通滑坡监测、中小型桥梁等

五、实训步骤

(1)按测量要求检验好仪器,准备观测仪器工具。
(2)到测站后打开仪器箱,晾置30分钟左右,使仪器温度和环境温度基本一致。
(3)检测控制点位置。
(4)测量监测点、记录好外业观测数据。
(5)内业数据处理、数据分析。

六、注意事项

(1)每次观测前,要对控制点进行检测。
(2)每次观测所使用的控制点应该固定。

实训项目 6　建筑物变形监测

(3)每次进行外业测量前,最好先进行仪器检测。
(4)每次进行位移观测时,注意不得使太阳光直晒测量仪器。

七、完成表剩余部分的计算

完成表 6.18 水平位移监测数据记录表。

表 6.18　　　　　　　　　　水平位移监测数据记录表

点号	初始数据	2020 年 3 月 1 日			2020 年 3 月 8 日		
		本期数据（m）	水平位移（mm）	总位移量（mm）	本期数据（m）	水平位移（mm）	总位移量（mm）
	X	X	ΔX		X	ΔX	
	Y	Y	ΔY		Y	ΔY	
A	500.000	500.005	+5	9.43	500.007	+7	9.90
	500.000	500.008	+8		499.993	-7	
B	523.427	523.429	+2	6.32	523.421	-6	7.21
	572.432	572.438	+6		572.428	-4	
C	489.227	489.217	-10	10.44	489.222	-5	7.81
	517.395	517.392	-3		517.401	+6	

八、将实训数据记录到表中

完成表 6.19~表 6.21 水平位移监测数据记录表。

表 6.19　　　　　　　　　　水平位移监测数据记录表

点号	初始数据	年　月　日			年　月　日		
		本期数据（m）	水平位移（mm）	总位移量（mm）	本期数据（m）	水平位移（mm）	总位移量（mm）
	X	X	ΔX		X	ΔX	
	Y	Y	ΔY		Y	ΔY	

续表

点号	初始数据	年 月 日			年 月 日		
		本期数据 （m）	水平位移 （mm）	总位移量 （mm）	本期数据 （m）	水平位移 （mm）	总位移量 （mm）
	X	X	ΔX		X	ΔX	
	Y	Y	ΔY		Y	ΔY	

表 6.20　　　　　　　　　　水平位移监测数据记录表

点号	初始数据	年　月　日		总位移量（mm）	年　月　日		总位移量（mm）
		本期数据（m）	水平位移（mm）		本期数据（m）	水平位移（mm）	
	X	X	ΔX		X	ΔX	
	Y	Y	ΔY		Y	ΔY	

表 6.21 水平位移监测数据记录表

点号	初始数据	年 月 日			年 月 日		
		本期数据（m）	水平位移（mm）	总位移量（mm）	本期数据（m）	水平位移（mm）	总位移量（mm）
	X	X	ΔX		X	ΔX	
	Y	Y	ΔY		Y	ΔY	

九、扩展训练

请各位同学根据水平位移变形监测的数据，绘制各个监测点的水平位移曲线图。

工程测量实训任务书

(适用测绘与地理信息技术专业群相关专业)

工程测量实训任务书

一、实训目的和意义

（1）理解和强化课堂教学的内容，巩固和加强课堂所学的理论知识，提高学生的综合职业能力；

（2）熟练掌握全站仪点位放样的具体方法，培养学生的实际动手能力，加强学生的实际工作能力；

（3）熟练掌握动态 GNSS-RTK 基准站、流动站的设置方法，参数解算、点校正及点位放样的方法；

（4）熟练掌握常见工程测量项目技术设计、施工放样、技术总结等各个阶段的各项工作流程；

（5）通过实训环节培养学生工程测量各个环节中的组织能力、独立分析问题和解决问题的能力；

（6）培养学生团队协作、吃苦耐劳的精神，养成严格按照测量规范进行测量作业的工作作风。

二、实训要求

（1）校内实训要求每日早晨 7 时 50 分到指定地点集合，教师点名并检查实训进度和质量，讲解疑难问题，布置实训新内容。其他时间老师到各组随机点名。

（2）平时的作息时间和正常上课时间相同，不得迟到、早退、旷课，请假要有相关部门签字的正规假条。在校内实训期间不得大声喧哗、追逐、吵闹，以免影响其他班级教学。

（3）确保实训设备的安全，在老师的指导下按照仪器操作规范正确使用仪器设备，遇到问题及时找老师。若在校外更应注意保证实训期间的人身及设备安全。

（4）按照老师要求，遵守本指导书要求，同时严格遵守测量规范，按照规范要求完成所有实训环节，保证实训质量和进度，按要求完成各个实训项目。

（5）实训之前应复习教材相关章节，实训过程中应认真按照规范及指导书的要求，完成所有实训环节，每个坏节完成后应及时进行相关计算和总结，确保实训质量。

三、仪器设备使用要求

为了保护测量实训设备，特提出如下要求，请务必详细阅读：

（1）全站仪和 GNSS 定位设备属于精密贵重的测量仪器，使用时务必谨慎小心，按规范要求细心操作，切忌粗心大意，损害设备，特别是外业观测时应有专人看守，遇见打雷等不良天气状况应立即停止观测，收好仪器，避免雷击等事故发生。对讲机使用时应按要求简短喊话，禁止用其长时间说与测量实训无关的话题。

（2）全站仪按钮是橡胶制作的，使用时应适度用力，防止损害按键。GNSS接收机上的按键是触点式按键，使用时应适度用力，防止损害触点。仪器的中心连接螺旋、三脚架架腿螺旋等旋转时应轻柔用力，防止脱扣。注意顺时针为旋紧，逆时针为打开。

（3）选点时不要将点位选择在车流繁忙的地段，以保证人身和仪器的安全。观测时仪器不得离人，防止被风刮倒或意外摔倒；仪器箱关闭箱盖后应放在仪器附近外侧，防止被车压坏。平时不得坐仪器箱、脚架等设备，违者按规章处理。

（4）GNSS和全站仪充电时应防火、防水，尽量由专人看守。数据传输时防止弄错插口，导致传输线端口及仪器端口的针断裂或错位，从而损害仪器。数据线连接过程中应找对插口，调好方向，切忌强行连接。GNSS接收机观测结束时应按正常方法退出再关机，不得强行切断电源，避免对仪器造成损伤。

（5）RTK使用时一定要保护好流动站的天线头，防止磕碰损伤，特别是在房区测量时。手簿应保持清洁，发现污垢后应用干净的纱布清理。触摸屏式手簿应禁止用笔尖等物触及，防止损害屏幕，应用专用的触摸笔点击。棱镜杆在伸缩时用力要轻，防止螺旋拧坏，立镜时应注意周围地物，防止碰坏棱镜，棱镜在使用中最好不要频繁伸缩，以防脱扣。

四、实训组织

实训组织工作由任课教师全面负责，每班配备2名教师担任实训指导工作。每组4~6人，小组设小组长1人，组长负责组内的实训分工和仪器管理。

五、实训地点

实训基地。

六、仪器设备

1. 常规测量仪器

水准仪1台、经纬仪1台、三脚架2个、水准尺2根、尺垫2个、50m测绳1根、锤子1把、木桩若干、喷漆1瓶。

2. 电子测量仪器

全站仪1台、电池、充电器、三脚架1个、跟踪杆1根、小棱镜1个、小铁钉若干。动态GNSS-RTK实训所用仪器：南方灵锐S82机型1+2组合一套(包括主机头3个，三脚架2个，基座2个，天线3个，天线电缆1根，供电电缆1根，天线连接套杆1个，信号转化处理器1个，电瓶1个，电瓶充电器1个，手簿2个，碳素跟踪杆2根，流动站电池4块，绳子若干)。

3. 数据处理使用设备

静态 GNSS 传输线 1 根，动态 RTK-S86T 手簿传输线 1 根，电脑 4 台，静态处理软件 GNSSADJ，手簿通信软件 MicrosoftSync。

七、实训计划

实训 3 周，共进行 15 天，实训安排如下：

项目名称	时间(天)	备注
准备工作及踏勘选点	1	包括实训动员，主要内容讲解
施工放样工程测量	2	在测区布置全站仪导线
纵横断面测量	3	水准仪纵断面、经纬仪横断面、全站仪纵横断面
纵横断面图的绘制	1	手工法、Excel 法、CASS 软件法
土石方量测量	2	断面法、方格网法、DTM 法土石方量测量
土石方量计算	1	CASS 软件土石方量计算
公路曲线细部设计	1	手工法、Excel 法、VB 编程法、CASS 软件法
公路曲线放样	2	全站仪和 GNSS-RTK 平曲线及竖曲线放样
编写实训报告	1	按要求编写实训报告
成绩考核	1	实践操作考试和理论考试
合计	15	

八、实训注意事项

（1）实训期间应严格遵守学校有关的实训规定，遵守实训纪律，未经指导老师同意，不得缺勤，不得私自外出和游泳。

（2）实训中，各小组长应切实负责，合理安排小组工作。实训的各项工作每人都应有机会参与，得到锻炼。

（3）实训中，小组内、小组之间、班级之间应团结协作，提高工作效率，保证一周实训的顺利完成。

（4）实训中要特别注意仪器设备的安全，各小组要指定专人负责保管。每次出工和收工应清点仪器和工具，发现问题应及时向指导老师报告。

九、实训内容

（1）选点布网、埋石、施工放样控制网的建立；
（2）纵横断面测量及断面图的绘制；
（3）公路曲线设计及曲线细部放样；

(4)全站仪及 GNSS-RTK 坐标法点位放样；

(5)线路工程设计及土石方量的计算；

(6)编写《工程施工放样技术总结报告》。

十、编写实训总结

总结报告编写格式如下：

(一)封面

实训名称、班级、姓名、学号、指导教师。

(二)目录

写清楚本实训报告的主要内容及对应页码。

(三)前言

实训的目的、高程放样子项目、要求及实训的基本情况。

(四)实训内容

实训的各阶段项目、方法、精度要求、计算成果及略图等。

第一部分　全站仪及 GNSS-RTK 放样

  1. 全站仪坐标放样方法

  2. GNSS-RTK 坐标放样方法

  3. 实训作业安排情况

  4. 实际完成工作量

第二部分　纵横断面测量及断面图的绘制

  1. 水准仪间视法纵断面测量

  2. 经纬仪视距法横断面测量

  3. 全站仪坐标法纵横断面测量

  4. 手工法绘制纵横断面图

  5. 电子表格绘制断面示意图

  6. 用 CASS 软件绘制断面图

  7. 用 CASS 软件进行土石方量计算

第三部分　曲线细部设计及其放样

  1. 平曲线细部设计：手工法、Excel 法、VB 编程法、CASS 软件法

  2. 全站仪坐标法放样曲线细部点

  3. GNSS-RTK 坐标法放样曲线细部点

  4. 竖曲线放样——全站仪法和 GNSS-RTK 法

  5. 直线段放样——GNSS-RTK 直线放样方法

(五)实训体会

实训中遇到的技术问题及处理方法，实训注意事项，实训收获等。

十一、提交实训成果

(1)每个实训小组应提交经过严格检查的各种观测手簿。

（2）每人应提交下列成果：
①控制网的选点草图；
②全站仪导线计算成果；
③纵横断面图；
④曲线设计计算表；
⑤实训报告（技术总结、个人总结）。

十二、实训成绩评定

实训成绩评定等级：根据以上实训成绩评定依据，实训成绩分为优、良、中、及格和不及格五个等级，其中凡违反实训纪律，缺勤3天以上，实训中发生打架事件，发生重大仪器事故，未提交成果资料和实训总结等，成绩均记为不及格。

实训成绩根据小组成绩和个人成绩综合评定。可按优、良、中、及格、不及格等五级评定成绩。

1. 小组成绩的评定标准

（1）观测、记录、计算正确，图面整洁清晰，按时完成高程放样子项目等。
（2）遵守纪律，爱护仪器，组内外团结协作。
（3）组内能展开讨论，及时发现问题、解决问题，并总结经验教训。

2. 个人成绩的评定

（1）能熟练按操作规程进行外业操作和内业计算。
（2）达到记录整洁、美观、规范。
（3）计算正确、结果不超限。
（4）遵守纪律，爱护仪器，劳动态度好。
（5）出勤好。缺勤一天不能得优良，缺勤两天不能得中，缺勤三天不及格。
（6）实训报告整洁清晰，项目齐全，成果正确。
（7）考试成绩：包括实际操作考试，理论计算考试。
（8）实训中发生吵架事件、损坏仪器、工具及其他公物、未交实训报告、伪造数据、丢失成果资料等，均作不及格处理。

附录1　测量仪器使用制度及注意事项

测量仪器，无论是光学仪器还是电子仪器，均是精密仪器。使用时保管不善会使仪器精度降低，寿命缩短，甚至影响正常的测量工作。损坏后仪器虽然经过修理，也不能完全恢复仪器出厂时的性能，因此每个测量人员及仪器管理者必须正确使用仪器和认真保管仪器。

(1)携带和搬运时，要注意防止震动、碰撞和摔落。

(2)开箱取出仪器前，要记住原始装放位置，以便用后原样放回。

(3)仪器从箱内取出时必须小心，应轻拿轻放，一手握扶照准部，一手托住三角基座，切勿握扶望远镜。

(4)仪器在三脚架上安装时，要一手握扶照准部，一手旋动三脚架的中心螺旋，防止仪器滑落，卸下时也应如此。

(5)观测时，旋转仪器应手扶照准部，不要用望远镜旋转仪器；要注意制动与微动之间的关系，转动照准部和望远镜前一定要先打开制动，以免损坏仪器部件和轴。

(6)观测时，应避免阳光直晒仪器，以免影响观测精度。

(7)在严寒冬季观测时室内外温差较大，仪器搬到室内或室外时，应隔一段时间再开箱使用。

(8)在野外，人严禁离开仪器，严禁坐仪器箱，严禁拿仪器箱内附件及其他实训用品玩耍，如垂球、干燥剂、测钎、卷尺、花杆等。

(9)各部分的制微动螺旋不可太松、太紧，各部分螺旋不可拧到末端，不要随意碰动仪器上与观测无关的任何螺丝等。

(10)光学零件表面如有灰尘时可用软毛刷轻轻刷去，如有水气或油污，可用脱脂棉或镜头纸轻轻擦去，切不可用手帕、衣物擦拭零件表面。

(11)仪器不使用时应保存在干燥、清洁、通风良好的储存室内。

(12)仪器使用完毕后，要用绒布或毛刷清除表面的灰尘，然后再装入箱内。

附录2 测绘仪器赔偿制度

1. 损坏小件物品者(如展点器、钢卷尺等),按原价赔偿。
2. 一些半消耗品:如伞、皮尺、钢尺、地形尺、水准尺、图板等,全新的按原价赔偿;使用在3年以内的按原价的80%折价赔偿;4年以上的按原价的70%折价赔偿。
3. 损坏全站仪、GPS、经纬仪、水准仪、对讲机等贵重仪器者按以下情况处理:
(1)刻意损坏仪器者,除全部赔偿外,还要给予处分,以至开除学籍。
(2)由于违反纪律,如打闹等损坏仪器者,除承担全部仪器修理费用外,还要给予一定的罚款和处分。
(3)由于违章操作,损坏仪器者,要承担全部修理费用,严重者给予适当罚款和处分。

附录3　纪律要求

在实训期间，要服从实训队的领导，要扶老携幼，团结友爱，助人为乐，自觉维护公共秩序，遵守公共卫生，树立共产主义道德风尚，如有违反交通规则，扰乱公共秩序者，根据情节轻重给予纪律处分。

在实训期间，要爱护当地的公共财产，绝对不许下河洗澡和钓鱼，如有违反者，除追究责任外，还要给予纪律处分。

安全是实训顺利进行的保证。因此，要求每一位同学必须在思想上足够重视。无论在实训或在旅途中都要时刻注意安全，班干部要把此项工作作为一项重要工作来抓，经常对同学进行安全教育，对违反操作规程和安全制度的肇事者，除追究责任外，还要视情节轻重给予处分。

加强组织纪律性和集体观念，要树立集体荣誉感，要爱护学校声誉，实训往返一律集体行动，不准请假。凡未经实训队批准擅自离开者，根据情节轻重给予纪律处分。凡因病不能坚持实训者，必须有医生的诊断报告并经实训带队教师批准后方可休息。

在实训期间，严禁抽烟、喝酒及谈恋爱，要提高警惕，看管好自己的财物，一旦丢失，由个人负责。在实训期间，要搞好室内、个人和环境卫生。爱护公物，遵守作息时间，对于损坏和丢失单位物品者，要追究责任，并按价赔偿。班级干部要切实负责，管好班级，带好同学，出现问题及时汇报。严禁带烟火进入林区。